Une entreprise au cœur de l'Histoire

Solvay, 1863–2013

Une entreprise familiale est-elle le produit d'une famille entrepreneuriale ? Les inventeurs sont-ils des héros isolés ou travaillent-ils avec de nombreux intermédiaires ? La connaissance est-elle la source unique de l'innovation industrielle ? Quel est l'impact des transformations politiques sur les multinationales ? Est-ce que celles-ci « pensent global et agissent local » ou procèdent-elles plutôt de manière inversée ? Ce livre tente d'aborder ces questions parmi d'autres en prenant appui sur le parcours de l'entreprise chimique Solvay à travers 150 ans d'histoire. En 1863, année de sa création, la société Solvay est une « start-up » qui produit du carbonate de soude selon un nouveau procédé. Le fondateur principal de l'entreprise, Ernest Solvay, est un jeune homme d'une vingtaine d'années dépourvu de toute formation universitaire en chimie. Contre toute attente, la société deviendra rapidement l'une des plus grandes entreprises chimiques du monde. Dans ce livre, l'entreprise Solvay constitue le prisme privilégié à travers lequel se déploie un siècle et demi d'histoire mondiale.

Kenneth Bertrams est Chercheur qualifié au Fonds National de la Recherche Scientifique et Chargé de cours à l'Université Libre de Bruxelles.

Une entreprise au cœur de l'Histoire
Solvay, 1863–2013

KENNETH BERTRAMS

Fonds National de la Recherche Scientifique
Université Libre de Bruxelles

Traduit de l'anglais par Maxime Depireux et Roxanne Thonnard. Traduction intégralement revue par Nicolas Coupain et l'auteur.

CAMBRIDGE
UNIVERSITY PRESS

CAMBRIDGE UNIVERSITY PRESS
Cambridge, New York, Melbourne, Madrid, Cape Town,
Singapore, São Paulo, Delhi, Mexico City

Cambridge University Press
32 Avenue of the Americas, New York, NY 10013-2473, USA

www.cambridge.org
Informations sur ce titre: www.cambridge.org/9781107607583

Première édition 2013

Imprimé au Royaume-Uni.

Un exemplaire a été versé au Dépôt Légal de la British Library.

Données de la publication dans le système de catalogage de la Library of Congress

Bertrams, Kenneth.
[Solvay. French]
Une entreprise au cœur de l'Histoire : Solvay, 1863–2013 / Kenneth Bertrams
p. cm.
Includes bibliographical references.
ISBN 978-1-107-60758-3 (pbk.)
1. Solvay Chemicals – History. 2. Chemical industry – Belgium – History
3. International business enterprises – Belgium. 4. Solvay, Ernest, 1838–1922.
5. Philanthropists – Belgium. Title.
HD9656.B44S65314 2013
338.8′8766–dc23 2012040596

ISBN 978-1-107-60758-3 Paperback

Plusieurs parties de cet ouvrage s'appuient sur une étude académique publiée simultanément: Kenneth Bertrams, Nicolas Coupain, and Ernst Homburg, *Solvay: History of a Multinational Family Firm*, New York: Cambridge University Press, 2013, 630 pages, ISBN 978-1-107-02480-9.

TABLE DES MATIÈRES

LISTE DES ILLUSTRATIONS ET CARTES

PRÉFACE

Solvay a toujours eu le plus grand respect pour la Science. C'est la raison pour laquelle j'ai demandé au Conseil d'administration de Solvay S.A. que des historiens professionnels puissent se consacrer à la rédaction d'un livre à l'occasion du 150ème anniversaire de l'entreprise.

Le présent volume, de même que l'ouvrage scientifique « *Solvay : History of a Multinational Family Firm* » publié en même temps,[1] résulte d'un projet de recherche passionnant qui aura duré cinq années. Le défi a été relevé par une remarquable équipe d'historiens internationaux (Kenneth Bertrams, Nicolas Coupain et Ernst Homburg, qui ont travaillé sous la coordination efficace et discrète de Ginette Kurgan-van Hentenryk). Ces historiens ont bénéficié des remarques que leur ont prodiguées un « Comité Industriel », composé d'Aloïs Michielsen, Jean-Marie Solvay, Jacques Lévy-Morelle et moi, ainsi que de nombreux directeurs et cadres de l'entreprise, passés et présents. Nous les remercions tous de tout cœur.

En plus de notre respect pour les sciences historiques, nous étions intéressés à l'idée de montrer toute l'influence qu'a pu avoir l'Histoire sur la vie de Solvay entre 1863 et 2013.

[1] Kenneth Bertrams, Nicolas Coupain, Ernst Homburg, *Solvay: History of a Multinational Family Firm*, New York, Cambridge University Press, 2013.

Puisse ce livre d'histoire, haut en couleur et bien informé, plaire aux employés et actionnaires de Solvay, ainsi qu'à tous les lecteurs intéressés à travers le monde.

Daniel Janssen
Président Honoraire Solvay S.A.

Introduction

« Une entreprise au cœur de l'Histoire: Solvay, 1863–2013 » : ce livre retrace l'histoire de l'entreprise Solvay dans une perspective plus large. L'ambition des pages qui suivent est de montrer dans quelle mesure l'histoire de cette multinationale familiale, riche de cent-cinquante années d'existence, est résolument ancrée dans la grande histoire.

Si, en l'an 2012, un étudiant devait remettre un travail de recherche sur « Solvay », il irait immanquablement se renseigner sur le site Wikipedia, l'encyclopédie en ligne la plus populaire de l'époque. Reconduit à la page d'« homonymie » qui reprend les différentes acceptions d'un même nom, il aurait enfin à choisir parmi les propositions suivantes :

- Ernest et Alfred Solvay sont les créateurs de l'industrie de la soude à l'ammoniaque.
- Le procédé Solvay est le principal procédé industriel de production de carbonate de sodium, découvert par Ernest Solvay.
- Les Conseils Solvay sont des conférences de physique et de chimie qui ont lieu depuis le début du 20ème siècle, organisés grâce au mécénat d'Ernest Solvay.
- La Solvay Brussels School of Economics & Management est l'école de commerce de l'Université libre de Bruxelles, fondée par Ernest Solvay en 1903.

- L'Hôtel Solvay est un hôtel de maître conçu par Victor Horta et situé à Bruxelles. Il fut commandité par Armand Solvay.
- La Bibliothèque Solvay est un bâtiment édifié en 1902 à Bruxelles.

Cette liste, il faut le préciser, ne serait valable qu'à l'attention des chercheurs francophones. En allemand, plusieurs définitions reprises dans la version française n'y figureraient pas mais leur absence se verrait compensée par de nouveaux termes. On pourrait y voir « Solvay GmbH », qui caractérise la société chimique allemande filiale du groupe Solvay et, de manière assez surprenante, « Solvay (7537) », un astéroïde du système solaire découvert par l'astronome belge Eric W. Elst à l'Observatoire Silla au Chili en 1996. Les étudiants italiens et slovènes seraient également informés de l'existence de l'astéroïde Solvay. Mais ils en sauraient aussi davantage sur la ville de « Rosignano Solvay » qui tire son nom de la soudière créée en 1913 par Solvay & Cie à proximité de la commune de Rosignano Marittimo en Toscane. Tout en éludant le fait que l'appellation « Solvay » ne fut ajoutée par les autorités locales que dans les années 1920, l'encyclopédie virtuelle serait néanmoins d'une grande utilité pour évoquer la cité-modèle « Villaggio Solvay », caractérisée comme l'un des rares exemples de cité-jardin en Italie. Enfin, les chercheurs anglophones n'auraient pas leur attention attirée sur les chefs-d'œuvre d'Art Nouveau que sont l'Hôtel Solvay et la Bibliothèque Solvay, cette dernière originellement conçue comme étant l'Institut de sociologie créé par Ernest Solvay en 1902. Néanmoins, une notice serait susceptible de les éclairer sur le refuge Solvay niché sur le Cervin à 4000 mètres d'altitude ou sur le village « Solvay » situé près de Syracuse au nord de l'État de New York. En revanche, à propos de la chaîne de montagnes Solvay dans l'Antarctique, Wikipedia se tait dans toutes les langues.

Manifestement, un seul nom charrie de nombreuses significations. Mais avant d'être une cité-jardin ou un astéroïde, Solvay est le nom d'une famille dont la notoriété remonte à l'un de ses membres en particulier, Ernest Solvay. Issue de ses propres expériences visant à obtenir du carbonate de soude à partir d'eaux ammoniacales, l'entreprise chimique qu'il met sur pied en 1863 avec son frère Alfred et d'autres associés atteint rapidement un succès remarquable. Le lecteur intéressé par l'analyse de l'évolution des différentes « vies » de cette entreprise, de ses origines à la commémoration de son cent-cinquantième anniversaire, trouvera davantage d'informations dans un ouvrage scientifique publié simultanément auprès du même éditeur.[1] L'objectif du présent livre est d'articuler la petite histoire de la société à la grande histoire et de faire de Solvay la vitrine privilégiée pour observer un monde qui change. Certes, le projet est exagérément ambitieux et il a nécessairement fallu procéder à des choix majeurs, c'est-à-dire à des renoncements. Les pages qui suivent se penchent plus particulièrement sur la trajectoire de Solvay dans un monde marqué par les extrêmes. De ce point de vue, ce livre, qui reprend plusieurs éléments familiers aux lecteurs passionnés d'histoire, s'adresse à un large public, désireux d'en apprendre davantage sur cette odyssée entrepreneuriale hors norme. D'une certaine manière, l'objectif de cet ouvrage serait atteint s'il parvenait, au terme de son parcours, à dégager le *sens commun* des différentes acceptions du nom « Solvay » dans leur rapport à l'histoire. Et ceci vaut aussi pour l'astéroïde 7537.

Ce livre n'aurait jamais vu le jour sans les recherches menées par mes collègues Nicolas Coupain et Ernst Homburg. Ils en ont amélioré les versions précédentes et m'ont assuré de leur soutien sans faille pendant que je pillais sans vergogne les résultats de leur travail. Qu'il trouve ici l'expression de mon amitié et de ma plus profonde gratitude. Mon estimée collègue Ginette Kurgan-van Hentenryk et les membres du Comité industriel – Daniel Janssen, Aloïs Michielsen, Jean-Marie Solvay et Jacques Lévy-Morelle – n'ont pas ménagé leurs efforts et leurs encouragements pour rendre la lecture de ces pages plus agréable à un large public. Je les en remercie vivement. Nicolas Coupain, toujours lui, a sélectionné les illustrations et rédigé les légendes qui y sont associées. La version française a grandement bénéficié de son apport, ainsi que des relectures de Ginette Kurgan. Merci à eux, très sincèrement. Enfin, mes derniers remerciements vont à Flavia et Mathias – *al tempo che abbiamo perso e a quello che recupereremo*. Cet ouvrage est dédié aux membres du personnel de l'entreprise Solvay, d'hier et d'aujourd'hui.

K. B.

[1] Kenneth Bertrams, Nicolas Coupain, Ernst Homburg, *Solvay: History of a Multinational Family Firm*, New York, Cambridge University Press, 2013, ci-après, *Solvay*.

Figure 1.1. Galerie des machines à l'Exposition Universelle de Londres de 1862. Des millions de visiteurs peuvent y découvrir les derniers progrès industriels réalisés au sein des différentes nations participantes. (Science Museum / Science & Society Picture Library.)

I

L'âge d'or du progrès

– Mon cher Pennet, là est toute la question. Là est la seule difficulté que la science doive tendre à vaincre. Il ne s'agit pas de diriger les ballons, il s'agit de les mouvoir de haut en bas, sans dépenser ce gaz qui est sa force, son sang, son âme, si l'on peut exprimer ainsi.

– Vous avez raison, mon cher docteur, mais cette difficulté n'est pas encore résolue, ce moyen n'est pas encore trouvé

– Je vous demande pardon, il est trouvé.

– Par qui ?

– Par moi !

– Par vous ?

Jules Verne
Cinq semaines en ballon, 1863

OUVERTURE : DOCTEUR FERGUSON, MISTER SOLVAY

Le roman de Jules Verne *Cinq semaines en ballon* relate l'histoire d'un ingénieux savant anglais, le docteur Samuel Ferguson, qui entreprend le parcours du continent africain en montgolfière. L'appareil qu'il a conçu pour ce voyage – un mécanisme de cinq réceptacles permettant la combustion de gaz d'hydrogène à différentes températures – lui permet de flotter un bon moment dans les airs sans devoir libérer de gaz ou jeter de lest pour contrôler l'altitude du ballon. Voyageant vers l'ouest, de Zanzibar au Sénégal, Ferguson et ses deux compagnons survolent des régions inconnues d'Afrique et sont confrontés à de nombreux dangers. Après une odyssée épique, ils parviennent à regagner l'Angleterre où ils établissent « de la plus précise des manières, les faits et relevés géographiques » rapportés par d'autres explorateurs avant eux.

Le fil du récit de Verne, empreint de suspense et d'exotisme, est typique des romans d'aventure qui assureront à leur auteur une renommée internationale. Cependant, plus qu'un roman de (science-) fiction, l'histoire racontée par Jules Verne représente un témoignage inestimable de son époque et de ses contemporains – ou, du moins, d'une partie d'entre eux. En 1863, les lecteurs de Verne ont conscience que le monde est en pleine expansion; ils s'émerveillent chaque jour du développement de l'industrie, des avancées technologiques, de la diffusion des connaissances scientifiques et de la conquête de la civilisation sur les peuples non-civilisés. Les prophètes laïques de cette religion nommée progrès sont les savants, les inventeurs et les explorateurs. Il n'est d'ailleurs pas anodin que le protagoniste principal du roman combine ces trois profils. Fréquemment, les personnes appartenant aux rangs supérieurs de la société se précipitent pour assister aux conférences publiques prononcées dans les sociétés savantes (comme la célèbre *Royal Geographic Society* fondée en 1830). On peut retrouver des traces de cet engouement aux Expositions Internationales, qui attirent des dizaines de milliers de spectateurs à Londres (en 1851 et 1862), à Paris (1855 et 1867) ou encore à la gigantesque « Exposition du Centenaire » de Philadelphie (1876). Malgré leurs différences, inventeurs, scientifiques et explorateurs cultivent la même croyance que les connaissances de l'époque peuvent être mises à l'épreuve et améliorées, voire même contredites. En ce sens, ils réalisent et revendiquent un acte de rébellion. « Dans chaque ville, ou plutôt, dans presque chaque village, on voit des érudits qui courent dans tous les sens avec des machines électriques, des fraises galvaniques, des cornues, des creusets et des marteaux de géologue, » commente un observateur anglais en 1828.[1] Cependant, pour beaucoup d'apprentis-inventeurs, tenter de défier ce qui existe se solde par un échec ou par l'abandon. Le succès est rare et, par conséquent, ne récompense que les esprits extrêmement créatifs.

[1] Ian Inkster, *Science and Technology in History: An Approach to Industrial Development*, New Brunswick, NJ, Rutgers University Press, 1991, p. 287. Sauf mention contraire, les citations en langue originale anglaise sont traduites par Maxime Depireux.

Ernest Solvay est incontestablement l'un d'entre eux. Il appartient à la catégorie des « enthousiastes qui [sont] à la fois réalistes et rêveurs » (pour reprendre ses propres termes).[2] S'il n'avait géré ses loisirs avec tant de parcimonie, il aurait pu lire *Cinq semaines en ballon* lors de sa parution en 1863. Cependant, Ernest Solvay a décidé de consacrer les quelques instants de temps libre dont il dispose à l'usine de son oncle à toute une série d'expériences chimiques. Contrôler la production de gaz n'est sans doute pas la plus agréable des activités professionnelles (ni la pire, pour être honnête), mais cela comporte des avantages insoupçonnés pour des chimistes amateurs; l'usine de gaz est un endroit où l'ammoniaque peut être obtenu facilement. Il est même gaspillé en tant que sous-produit de la distillation du charbon. C'est ainsi que l'usine de son oncle située dans les alentours de Bruxelles devient le laboratoire de recherche d'Ernest Solvay, ainsi que son terrain de jeu – le cadre de ses expériences de bricoleur génial.

Le reste de l'histoire pourrait se dérouler comme un conte de fées : Solvay découvrirait le procédé de carbonate de soude à l'ammoniaque, créerait une entreprise prospère pour exploiter et commercialiser le produit qui en résulte et deviendrait un riche entrepreneur régnant au sommet d'un empire industriel. Mais l'histoire est loin d'être un flux continu de réussites et elle est encore moins un conte de fées. L'histoire de Solvay est une histoire vraie, pleine d'échecs, de nuances et d'angles morts. En fait, durant les premières étapes de l'entreprise Solvay, l'histoire évolue comme la description que fait Jules Verne du ballon survolant l'Afrique : on file vers les sommets avec enthousiasme, ensuite vient la chute, frôlant l'effondrement total, et on grimpe enfin à nouveau dans les airs.

L'entreprise qu'Ernest et ses partenaires fondent (car il n'est pas seul) est créée après plusieurs tentatives infructueuses. Pendant des années, Solvay & Cie s'apparente à une « start-up » peu influente, au bord de la faillite. Le capital manque, la production est décevante et les bailleurs de fonds sont inquiets. Par ailleurs, Solvay n'a pas véritablement découvert le procédé de fabrication du carbonate de

[2] Ernest Solvay, « Industrie et science (Biogénie et sociologie) », *Revue scientifique*, XLVIII, 2e semestre, 1910, pp. 705–711 (ici, p. 705).

soude à l'ammoniaque. Il l'a plutôt *redécouvert*. Mais il a longtemps cru avoir été le premier à avoir généré cette réaction chimique. Ceci aura des conséquences fondamentales sur lesquelles nous reviendrons. Par ailleurs, une fois devenu riche, Ernest Solvay sera bien plus qu'un simple homme d'affaires; il consacrera son temps et son énergie à d'innombrables initiatives, la plupart d'entre elles allant bien au-delà de la sphère industrielle.

LE DÉCOR : TRIOMPHE DU CAPITALISME INDUSTRIEL

Quel genre de monde et de société se déploie sous les yeux d'Ernest Solvay lorsqu'il débute sa vie professionnelle dans l'usine de son oncle au début des années 1860 ? Il s'agit sans aucun doute d'un monde en profonde mutation. À l'aube du dix-neuvième siècle, seuls quelques observateurs contestent l'idée d'un progrès sans limite. Le savant anglais Thomas Malthus est le plus connu d'entre eux. Dans son Traité, *Un Essai sur le Principe de Population* (publié dans plusieurs éditions entre 1798 et 1826), il soutient que la croissance géométrique de la population va rapidement dépasser la croissance arithmétique des ressources. Selon lui, si des changements radicaux ne sont pas mis en œuvre, il faudra s'attendre à voir surgir la famine, la maladie et le déclin. Cependant, les inquiétudes de Malthus ne se sont pas réalisées. Au milieu du dix-neuvième siècle, les régions européennes bénéficient d'une expansion économique sans précédent. La Grande-Bretagne, le pays de Malthus, est en pole position dans cette course au développement. La période victorienne voit la Grande-Bretagne dominer le monde non seulement en tant que puissance impériale mais aussi comme incontestable « atelier du monde ». Qu'il s'agisse du charbon, du fer ou de l'acier, la production britannique représente presque la moitié de la production mondiale entre les années 1840 et 1860, considérées comme « l'âge d'or » de la Grande-Bretagne.[3] Le symbole tangible de cette suprématie est l'industrie des chemins de fer. La Grande-Bretagne constitue la figure de proue d'un mouvement qu'elle répand à travers le monde par l'exportation massive de matériel et de machines

[3] Martin Daunton, *Wealth and Welfare. An Economic and Social History of Britain, 1851–1951*, Oxford, Oxford University Press, pp. 168–170.

ferroviaires. En quelques décennies, l'Europe et l'Amérique du Nord prennent l'allure de deux toiles tissées d'acier. La longueur des chemins de fer sur chacun de ces continents s'étend sur 3.000 kilomètres en 1840, pour passer à 48.000 kilomètres en 1860, et enfin à plus de 160.000 kilomètres en 1880. Au cours de cette période, dix-huit pays européens s'équipent de lignes de chemin de fer ; seuls neuf d'entre eux en étaient dotés trente ans auparavant.[4] La performance est remarquable, et ressentie comme telle par la population de l'époque. Si les contemporains de Jules Verne s'émerveillent de cette expansion mondiale, ils partagent également la croyance que cette gigantesque transformation des moyens de communication permet au monde de s'unifier. Alors que le temps de parcours entre régions éloignées se réduit inexorablement, la portée de l'économie, déjà internationale, s'étend désormais à l'échelle globale.

Naturellement, le processus d'industrialisation affecte la main-d'œuvre, la nature du travail, et la société dans son ensemble. L'élargissement du marché du travail accompagne l'extension du marché des biens de consommation – c'est-à-dire une société de « production massive ». L'urbanisation atteint de nouveaux seuils ; les capitales et les grandes villes attirent tant la petite bourgeoisie qu'une cohorte de travailleurs non-qualifiés. Certes, tout cela ne se fait pas en un jour. Les formes traditionnelles de l'économie et de la société – agriculture, petit commerce, artisanat – sont toujours fortement ancrées. Alexandre Solvay, le père d'Ernest, débute en tant qu'enseignant mais se tourne rapidement vers des occupations plus lucratives dans l'exploitation des carrières et le domaine commercial. La taille de l'entreprise qu'il met sur pied est modeste mais suffisante pour lui permettre de s'intégrer à la bourgeoisie locale. L'usine de gaz de Florimond Semet à Bruxelles est du même format. Les petites et moyennes entreprises constituent alors la norme, les grandes faisant figure d'exceptions.[5] Mais, peu à peu, de plus grandes unités de production prennent l'ascendant, particulièrement dans les secteurs de l'industrie lourde. Même à son apogée, le

4 Eric Hobsbawm, *The Age of Capital, 1848–1875*, London, Weidenfeld & Nicolson, 1975, pp. 54–55.

5 Arno Mayer, *The Persistence of the Old Regime*, New York, Pantheon Books, 1981, pp. 37–44.

« système d'usine » (*factory system*) ne prolifère pas partout ni de façon univoque. Il se concentre dans des zones locales plutôt qu'au niveau des nations. Ces « bassins industriels » – les Midlands et le Lancashire en Grande-Bretagne, le Borinage en Belgique, la Ruhr en Allemagne – sont de véritables foyers de l'activité industrielle entourés d'habitations et de quartiers pauvres surpeuplés. Elles sont les coulisses hideuses de la prospérité économique. Selon les mots de l'historien Eric Hobsbawm : « le monde est alors divisé en deux parties, l'une relativement restreinte où le « progrès » est indigène, et l'autre, bien plus importante, où il est considéré comme un conquérant venu d'ailleurs, assisté par des minorités de collaborateurs locaux. »[6]

La Belgique joue, elle aussi, un rôle initiateur en terme d'industrialisation. Au milieu du dix-neuvième siècle, elle se classe même en deuxième position, derrière la Grande-Bretagne. Le pays compte bon nombre de hauts fourneaux et de machines à vapeur fixes, dans une proportion qui n'a pas son pareil parmi ses voisins continentaux. Les moyens de communication, en particulier les chemins de fer et les voies maritimes, sont très développés. Depuis son indépendance en 1830, la petite nation baigne dans l'idéologie du libéralisme et du « progrès industriel ». Sous l'impulsion du roi Léopold Ier et de son fils Léopold II, elle devient un creuset d'initiatives privées et le berceau d'une société d' « auto-assistance », sans intervention étatique (le mouvement socialiste n'aura réellement d'influence qu'après 1880). Tout comme la Grande-Bretagne, la Belgique est adepte du libre-échange et du commerce international. Avec la France, l'Italie et la Suisse, elle adhère en 1865 à l'Union Monétaire Latine, une sorte d'« eurozone » avant l'heure. Une bonne illustration de l'application de l'idéologie libérale en Belgique est sa législation de brevets très flexible promulguée en 1854. Le système de brevets belge prévoit une validité plus longue que dans d'autres pays (vingt ans) mais ne requiert aucune forme de « vérification de paternité » préalable.[7] Cette souplesse administrative engendre des conséquences inattendues comme le cas Solvay l'illustrera.

6 Eric Hobsbawm, *The Age of Empire, 1875–1914*, London, Weidenfeld & Nicolson, 1987, p. 31.

7 Gabriel Galvez-Behar, *La République des inventeurs. Propriété et organisation de l'innovation en France (1791–1922)*, Rennes, P.U. Rennes, 2008, pp. 34–34.

LE SOLEIL BRÛLANT DE LA CONNAISSANCE ET L'ART DE NE PAS SAVOIR

Si l'économie industrielle est en plein essor – même avec l'éruption de violentes crises à travers le siècle – elle le doit en partie à la dynamique croisée de la connaissance et de l'innovation. Selon le philosophe Alfred Whitehead, « la plus grande invention du dix-neuvième siècle fut celle de la méthode d'invention ». En fait, le jugement s'avère plus pertinent pour le dernier tiers de ce siècle que pour les années qui le précèdent. Que se passe-t-il donc de si important à partir des années 1870 ? On est tenté d'avancer la réponse suivante : une interaction plus intime entre la science et la technologie. Ou, plus précisément encore, le fait que la technologie se base davantage sur la science et que l'industrie tende à se reposer d'autant plus sur la connaissance orientée par des fins industrielles ou sur les sciences appliquées. Il est vrai qu'avant cette époque, les inventions techniques n'impliquaient en rien une connaissance scientifique approfondie. L'industrie s'appuyait sur la connaissance pragmatique, le savoir-faire, les expériences par tâtonnement et l'artisanat empirique. Lentement mais sûrement, les choses évoluent. Après 1850, « la science devient plus importante en tant que servante de la technologie. »[8] Le magnat de l'industrie de l'acier, Andrew Carnegie, s'émerveille des prouesses accomplies par les chimistes sur la qualité des produits métallurgiques : « Neuf-dixièmes de toutes les incertitudes liées à la fabrication de la fonte furent dissipées sous le soleil brûlant de la connaissance chimique, » proclamera-t-il plus tard.[9] Bien qu'il s'agisse davantage d'un changement de degré que de nature, la période est qualifiée de « Seconde Révolution Industrielle ». L'avènement et la diffusion d'une nouvelle gamme d'inventions telles que l'acier, l'électricité, les produits chimiques (organiques), ainsi que de nouvelles sources d'énergie motrice – particulièrement les moteurs automobiles basés sur la combustion interne – s'avèrent essentielles. En règle générale, ces éléments ne constituent pas seulement des technologies innovatrices,

[8] Joel Mokyr, *The Lever of Riches. Technological Creativity and Economic Progress*, Oxford, Oxford University Press, 1990, p. 113.

[9] Cité dans David Mowery and Nathan Rosenberg, *Technology and the Pursuit of Economic Growth*, Cambridge, Cambridge University Press, 1989, p. 30.

Figure 1.2. Louis Philippe Acheroy, ami d'enfance des frères Solvay et premier salarié à l'usine-pilote de Schaerbeek. Il est photographié ici dans son atelier de Couillet dont il est le premier chef de fabrication. (Archives Solvay.)

ils sont aussi le point de départ d'une nouvelle dynamique de développement industriel.

Les premières expériences d'Ernest Solvay ont lieu durant la préhistoire de cette « Seconde Révolution Industrielle ». Ses pratiques de recherche se conforment toujours à une méthode d'invention fortuite et à une technique de formation par la pratique caractéristiques de la première moitié du dix-neuvième siècle. Il est à la fois un produit de son temps et l'acteur d'un changement à venir, ce qui est propre à beaucoup d'autres inventeurs de l'époque. Comme exemple intéressant, on peut épingler l'homme d'affaires anglais, Henry Bessemer, qui, en 1856, présente une technique de fabrication de l'acier absolument novatrice – utiliser un « convertisseur » pour souffler l'air directement à travers le métal en fusion. Bessemer est « une sorte de bricoleur de première classe, que son ingéniosité universelle avait déjà enrichi. »[10] Comme Solvay, il n'a pas reçu de formation académique, mais ses inventions ont participé à l'émergence de la métallurgie comme nouvelle discipline pour ingénieurs aux frontières de la science et de la technologie.[11] La préhistoire de la Seconde Révolution Industrielle, incarnée par Bessemer et Solvay, est ainsi exceptionnellement intense en termes d'innovations technologiques et scientifiques. Deux spécialistes proclament d'ailleurs que « s'il fallait choisir une période de cinquante ans dans l'histoire sur base de la densité des découvertes scientifiques qui ont eu lieu, il serait difficile d'en trouver une qui surpasse la période 1859–1873 » (où 1859 correspond à la publication de *De l'origine des espèces* de Charles Darwin et 1873 à celle du *Traité sur l'électricité et le magnétisme* de James Clark Maxwell, qui a fourni les bases théoriques des industries issues de l'électricité).[12]

La connaissance et l'innovation constituent des valeurs en vogue au moment de la découverte d'Ernest Solvay. Mais lorsqu'il présente son premier brevet intitulé « Fabrication industrielle du carbonate de soude au moyen de sel marin, de l'ammoniaque et de l'acide carbonique» le 15 avril 1861 (un jour avant son vingt-troisième anniversaire), il ignore qu'une douzaine de chimistes ont découvert « son » invention avant lui. Ce n'est que lorsque les premières étapes semi-industrielles de sa station expérimentale débouchent sur des résultats prometteurs, alors qu'il est à la recherche d'associés, qu'il prend conscience de cette antériorité en consultant les recueils

[10] David Landes, *L'Europe technicienne ou le Prométhée libéré*, Paris, Gallimard, trad. L. Evrard, 1975 (v.o. 1969), p. 350.

[11] Donald Caldwell, *The Norton History of Technology*, New York, Norton, 1995, pp. 291–292.

[12] Mowery and Rosenberg, *Technology and the Pursuit*, pp. 22–23.

de brevets conservés au Musée de l'Industrie à Bruxelles. « Ce fut vraiment un coup dur pour moi », aurait-il dit; le genre de coup dur qui l'incita à tout arrêter.[13] Tous les biographes de Solvay considèrent cet événement – la découverte de la non-découverte – comme le tournant décisif dans l'avenir du processus industriel et de son succès. Tout comme il y a un « moment Eureka », au cœur de l'histoire de nombre d'inventeurs,[14] l'épopée et le drame qui composent celle de Solvay se construit sur un angle inversé – l'ignorance et les efforts accomplis pour la combler ont constitué un moment fondateur. En d'autres termes, ne pas savoir a été un moteur important pour Solvay jusqu'à sa « violente déception » de 1862 (pour paraphraser sa belle-sœur). Dès lors, bien utile fut le soutien du conseiller juridique et partenaire en devenir de Solvay, Eudore Pirmez, qui l'a persuadé d'aller de l'avant. Une véritable stratégie allait germer de cette désillusion initiale : tout breveter et partout. Solvay et Pirmez rédigent un brevet détaillant chaque étape du procédé et chaque nouvel appareil requis pour sa mise sur pied à l'échelle industrielle. Préventivement, ils font de même en France et en Angleterre. Seule l'essence même du processus n'est guère prise en compte vu que la réaction chimique, comme le reconnaît tardivement Solvay dans son deuxième brevet (1863), est « connue depuis longtemps. »[15]

INVENTEURS JOYEUX, ENTREPRENEURS RÉCALCITRANTS

Pour la majorité des inventeurs à succès, breveter un nouvel appareil ou procédé n'est qu'une étape administrative nécessaire pour assurer la propriété intellectuelle de leur invention. En dépit des contraintes bureaucratiques, cette démarche ne présente guère de difficulté. En revanche, l'exploitation d'un nouveau produit à grande échelle requiert une large gamme de compétences et de

[13] [René Purnal] *Vie d'Ernest Solvay*, Bruxelles, Lamertin, 1929, p. 29; Marie Solvay-Masson (épouse d'Alfred Solvay), *Les débuts de la Société Solvay & Cie, mémoire intime*, Solvay, Bruxelles, Mai 1915, p. 23.

[14] Thomas P. Hughes, *American Genesis. A Century of Invention and Technological Enthusiasm, 1870–1970*, Chicago, The University of Chicago Press, 1989, p. 75.

[15] Cité dans Bertrams, Coupain, Homburg, *Solvay*, p. 21.

contacts. La conquête des marchés est perçue comme un réel défi, un voyage vers l'inconnu. Dès lors, beaucoup d'inventeurs préfèrent ne pas s'en charger et cèdent la propriété des droits de leurs brevets ou en accordent la licence d'exploitation à des entrepreneurs qui fabriquent et commercialisent les inventions à leurs propres risques. Cela dit, là encore, il y a des exceptions – ce sont les « inventeurs-entrepreneurs ». Parmi eux, on retrouve Thomas Edison, Alfred Nobel, Alexander Graham Bell et Giuseppe Marconi. Aujourd'hui, on se souvient généralement d'eux comme des inventeurs géniaux ; la mémoire collective a largement négligé, voire même complètement occulté, leur œuvre d'entrepreneur. Il est vrai que les talents de gestionnaire de ces « inventeurs-entrepreneurs » indépendants ont été rapidement éclipsés par la domination des laboratoires de recherche et de développement en entreprise au cours du vingtième siècle.

D'un autre coté, les inventeurs à succès ayant lancé leur propre affaire l'ont rarement fait avec la même ferveur juvénile qui avait prévalu durant le processus d'invention. Même le plus célèbre d'entre eux, Thomas Edison, qui avait systématiquement organisé les entreprises basées sur ses inventions, a laissé à des managers salariés, agissant sous la férule du grand financier J. Pierpont Morgan, le soin de les fusionner avec la compagnie d'électricité Thomson-Houston (émanant également d'un autre inventeur-entrepreneur, Elihu Thomson). La General Electric Company, qui découla de cette opération retentissante en 1892, devint une entreprise gigantesque dans la nouvelle industrie de systèmes d'éclairage électrique. Elle exerça un leadership qui ne lui fut contesté que par son éternel rivale, la Westinghouse Electric Company. D'autres exemples de cette réticence entrepreneuriale initiale abondent (il en va de même pour la création de la Bell Telephone Company en 1877). Comme le fait remarquer un historien, les inventeurs-entrepreneurs indépendants « réservent leur enthousiasme et leurs premiers élans créatifs à l'acte d'invention; ils exécutent la fonction entrepreneuriale de création d'entreprises dans le but de mettre en œuvre leur invention. »[16] En d'autres termes,

[16] Hughes, *American Genesis*, p. 24.

Figure 1.3. Fabrique de produits chimiques de Floreffe (Belgique), vers 1850. C'est entre autres à cette fabrique de soude Leblanc qu'Ernest Solvay envisagea de vendre son procédé, avant de lancer sa propre affaire. C'est dans cette même usine que le juriste Eudore Pirmez se familiarisa avec l'industrie chimique avant d'entrer en contact avec Ernest Solvay. (Lithographie reproduite dans Bart Van Der Herten, Michel Oris, et Jan Roegiers, éds., *La Belgique industrielle en 1850: Deux cent images d'un monde nouveau*. Antwerp, Belgium: MIM / Crédit Communal, 1995. Lithographie originale : éditeur : Jules Géruzet ; Imprimeur : Simonau & Toovey ; lithographe : Adrien Canelle.

les inventions viennent d'abord, la commercialisation n'intervenant que par nécessité.

Aussi surprenant que cela puisse paraître, les premiers pas d'entrepreneur d'Ernest Solvay s'accordent avec ces histoires. Grâce à des recherches récentes,[17] nous savons aujourd'hui qu'en 1862, Solvay est sur le point de vendre les droits de son brevet à une entreprise belge de produits chimiques et de fabrication de verre. Lorsque l'accord est rompu à cause du caractère invalide du brevet initial, Solvay se met à la recherche de partenaires industriels (par exemple,

[17] Bertrams, Coupain, Homburg, *Solvay*, p. 20.

l'entreprise française Saint-Gobain). Mais ces efforts sont vains. Contre toute attente, l'entourage de Solvay opte pour la création d'une entreprise en commandite fondée grâce à un capital apporté par les associés – des membres de la famille et des propriétaires d'entreprises locales. Solvay & Cie est officiellement portée sur les fonts baptismaux le 26 décembre 1863 avec un capital initial plutôt modeste (engendrant une préoccupation constante vis-à-vis des ressources financières disponibles). Mais les dangers financiers ne représentent que l'une des multiples contraintes. Peu de temps après avoir surmonté les soucis de propriété intellectuelle et de structure juridique, des obstacles technologiques font leur apparition. Ils sont d'autant plus sérieux qu'ils compromettent la nature même du procédé et de ses retombées industrielles. Depuis sa conception en 1864, la petite entreprise construite à Couillet près de Charleroi, au cœur de la région verrière belge, est le théâtre d'une succession d'incidents techniques. L'usine ne fournit pas la quantité de carbonate de soude attendue. « C'est impossible d'avoir tant de malchance », écrit à Ernest son frère cadet Alfred. Celui-ci avait quitté sa fonction commerciale à Hull en Angleterre afin d'aider son frère à développer la production à Schaerbeek, puis à Couillet, accompagné par leur ami d'enfance, Louis Acheroy.[18]

Alfred Solvay finit par avoir raison : la malchance s'éloigne progressivement après 1867 pour faire place au développement et à l'expansion. Étonnamment, les Solvay n'ont jamais abandonné leur ferme croyance en l'exploitation industrielle du procédé du carbonate de soude à l'ammoniaque. L'intuition s'est muée en conviction, puis est devenue obstination. Rétrospectivement, la succession d'échecs essuyés à Couillet a constitué leur chemin de croix initiatique, un épisode qu'ils n'oublieront jamais et qu'ils se plairont à retracer (il sera abondamment utilisé dans leur hagiographie comme moyen de légitimer leur succès). S'adressant à un industriel anglais désireux d'utiliser son procédé, Ernest Solvay écrit en 1876 :

> « Je comprends votre légitime impatience de fabriquer du sel, mais j'appelle aussi votre sérieuse attention sur la grande importance des détails dans notre fabrication. Il vous faudra six mois pour bien le comprendre (...),

[18] Eliane Gubin and Valérie Piette, "Une histoire de familles", in Andrée Despy-Meyer and Didier Devriese (eds.), *Ernest Solvay et son temps*, Brussels, Ed. Archives de l'ULB, 1997, pp. 95–136 (ici, p. 113).

mais vous vous en apercevrez facilement peu à peu. Les détails, les petits soins constants ont plus d'importance chez nous que les grandes choses. Je vous engage à organiser petit à petit vos essais de laboratoire et d'usine. Faites chaque jour quelque chose de plus, sinon vous ferez quelque chose de moins. Les durs moments commencent pour vous. »[19]

Cet extrait met en évidence une autre facette importante de Solvay. Comme dans la plupart des entreprises chimiques et électriques de l'époque, – ainsi que dans une partie considérable de l'industrie –, les procédures menées à Couillet n'ont fondamentalement rien d'exceptionnel. Elles consistent en un travail quotidien de production, de tests de routine et de contrôle de qualité. La nature des pratiques de travail de la Seconde Révolution Industrielle est plutôt adaptative que révolutionnaire.[20] Ajuster la température des fours et des refroidisseurs, nettoyer les filtres à bicarbonate de soude, et vider les appareils de distillation ne sont pas des tâches des plus passionnantes. Mais elles sont néanmoins d'une importance capitale pour la fabrication et le succès à long terme de l'entreprise. Malgré leur nature ingrate, ces activités représentent le cœur de ce que l'on pourrait appeler une forme sous-estimée d'innovation industrielle.

LES SELF-MADE MEN ÉVOLUENT DANS UN ENVIRONNEMENT COLLECTIF

L'obstination qui vient d'être évoquée ne réside pas seulement dans la supervision méticuleuse des opérations. Comme beaucoup de ses homologues, Ernest Solvay persévère dans son entreprise malgré les réserves, voire les jugements négatifs, émis par certains de ses proches mais aussi par des scientifiques de premier plan quant à la validité de son procédé. Tout comme Edison et d'autres inventeurs-entrepreneurs (Bell faisant figure d'exception), Solvay ne dispose pas d'un statut d'expert pour garantir ce qu'il fait ou le rassurer sur le fait qu'il va dans la bonne direction. D'où la nécessité, la plupart du temps encouragée par les associés de l'inventeur, d'avoir recours à

[19] Cheshire Record Office, Archives of Brunner, Mond Company, DIC/BM 19/24, Ernest Solvay à James Richards, le 16 mai 1876.

[20] Robert Fox and Anna Guagnini, *Laboratories, workshops, and sites. Concepts and practices of research in industrial Europe, 1800–1914*, OHST Berkeley, 1999, pp. 173–174.

une certaine forme d'autorité scientifique. Deux formes de connaissance se font face : l'expérimentation par tâtonnement et la théorie abstraite. Elles impliquent deux catégories d'individus : les bricoleurs autodidactes et les savants instruits. Si Carnegie, comme nous l'avons vu, admire la contribution du « soleil brûlant de la connaissance chimique » à des réalisations industrielles, la connaissance scientifique ne peut pas toujours être à la fine pointe de la technologie. Et l'expertise académique, bien qu'éloignée du stéréotype de la « tour d'ivoire », est rarement le meilleur guide pour les esprits créatifs. Les brillants inventeurs-entrepreneurs sont à l'avant-garde de l'exploration scientifique. En revanche, la science représente la quantité d'informations disponibles à un moment donné et les scientifiques sont principalement préoccupés par les données scientifiques fermement établies. « Je peux très facilement répondre à des questions après qu'elles sont effectivement posées », dit un diplômé universitaire à Thomas Edison, « mais j'éprouve bien des difficultés à en formuler. »[21]

Durant ses premières expériences, Ernest Solvay est directement confronté aux prédictions peu encourageantes de professeurs érudits et reconnus. « Les hommes de science pure sont généralement trop durs dans leur jugement », dira-t-il plus tard.[22] Non seulement Solvay persistera dans ses efforts en dépit de ces avertissements négatifs, mais il continuera également à se fier à la science académique et à chercher des consultants universitaires une fois la production engagée à l'échelle industrielle. Comme la suite de sa vie le démontrera, il n'aura jamais de ressentiment à l'égard des universités, des scientifiques ou de la science. D'un point de vue plus positif, cet épisode confirme également l'idée a priori paradoxale que les « *self-made men* » travaillent réellement dans un environnement collectif, que ce soit socialement ou pratiquement.[23] S'il fallait

[21] Hughes, *American Genesis*, p. 47.

[22] Ernest Solvay, « Coup d'œil rétrospectif sur le procédé de fabrication de soude à l'ammoniaque », réédité sous le titre « L'histoire d'une invention », *Revue de l'Université Libre de Bruxelles*, VIII, 1902–1903, pp. 591–602 (ici, p. 599).

[23] W. Bernard Carlson, "Innovation and the Modern Corporation. From Heroic Invention to Industrial Science", dans J. Krige et D. Pestre (eds.), *Companion to Science in the Twentieth Century*, London, Routledge, 1997, pp. 203–226 (ici, p. 207).

Figure 1.4. Thomas Edison dans son laboratoire de Menlo Park, New Jersey. Il incarne l'inventeur-entrepreneur du dix-neuvième siècle. Ernest Solvay en a également toutes les caractéristiques. (Mary Evans Picture Library / Classic Stock / C.P. Cushing.)

photographier les facteurs humains créatifs en action durant le processus d'invention menant à la commercialisation, on obtiendrait sans nul doute un portrait de groupe qui réunirait membres de la famille, amis, techniciens, partenaires, consultants, financiers, hommes politiques et toute une légion d'intermédiaires de l'ombre. La multiplicité d'individus impliqués à différentes étapes du processus de travail démontre que nous sommes à mille lieues du cliché du génie solitaire isolé du reste du monde et sujet à l'ostracisme de ses contemporains.

Bien que de nature solitaire, Ernest Solvay n'est pas seul pour autant. Évoluant dans un réseau familial assez dense, il bénéficie des connexions personnelles de ses parents et de ses proches, ce qui constituera quatre espèces de « capital » : financier, social, scientifique et technologique. La portée et les ramifications de la dynamique sociale de la galaxie Solvay seront envisagées dans le chapitre suivant. Précisons simplement que de tels réseaux interpersonnels ont largement contribué au succès de l'entreprise. Les plus proches d'entre eux sont aussi présents en temps de crise. « Pour le meilleur et pour le pire » est une expression dont la signification prendra bientôt tout son sens pour Adèle Winderickx. Elle n'a que dix-huit ans lorsqu'elle épouse Ernest Solvay le 17 septembre 1863. La notion d'entreprise familiale s'applique tout particulièrement à Solvay & Cie dans la mesure où les histoires de l'entreprise et de la famille s'y entremêlent. Le chevauchement des sphères privées et professionnelles n'est pas dissimulé. Parmi de nombreux exemples, la commémoration du cinquantième anniversaire de l'entreprise a lieu le jour des noces d'or d'Ernest et Adèle en 1913.[24]

Mais l'extension du capital social ne s'arrête pas là : en plus des individus, une grande variété d'équipement est également impliquée dans l'environnement collectif. Une autre image d'Épinal tend à dépeindre les inventeurs-entrepreneurs comme s'ils exerçaient leurs élans créatifs dans des locaux délabrés. Cela ne reflète pas tout à fait la réalité de l'époque. La plupart d'entre eux évoluent dans un cadre spécialement conçu dans le but de résoudre des problèmes. Bien sûr, l'usine de Couillet n'est pas un laboratoire académique : ce n'est qu'un atelier en comparaison du complexe de Menlo Park que Thomas Edison construit en 1876. Cependant, malgré la technologie rudimentaire à disposition, l'usine possède toute la logistique nécessaire à la fabrication et à l'innovation « si peu spectaculaire ». Avec une pointe de dramatisation, Marie, la femme d'Alfred Solvay,

[24] Gubin et Piette, « Une histoire de famille », p. 136.

décrit en ces quelques mots l'atmosphère collective des conditions de travail des frères Solvay:

> « L'apprentissage du personnel tout entier, la mise au point d'appareils nouveaux, la réalisation pratique et économique d'un procédé beau de simplicité en théorie et délicat dans son application, tout avait dû être realisé par des jeunes gens qui n'étaient ni ingénieurs, ni chimistes, et cela avec des ressources parcimonieusement mesurées »[25]

Ernest Solvay admet volontiers son manque de formation technique approfondie. « Je ne suis ni chimiste, ni ingénieur », dit-il un jour devant une audience composée d'experts chimistes à Berlin en 1903.[26] C'est indéniable. D'un autre côté, Solvay ne peut réfuter le fait que ses efforts, fructueux ou non, sont la résultante d'une structure collective bien plus large. La vérité est que la plupart des membres de son réseau ont été soit négligés soit perçus comme des instruments secondaires au service de ses objectifs.

LE CARBONATE DE SOUDE ET LE FANTÔME DE NICOLAS LEBLANC

Répétons-le, un nouvel élan caractérise la Seconde Révolution Industrielle, l'élan d'une industrie basée sur la science. En même temps que les innovations dues aux inventeurs-entrepreneurs, une nouvelle série de découvertes voient le jour au sein même des laboratoires industriels ou émanant des partenariats industrie-université. L'électricité et la chimie (organique) sont les principaux secteurs affectés par cette transformation, qui subit également un déplacement du centre de gravité. Prenant sa source en Angleterre, l'industrie migre rapidement vers l'Allemagne, qui devient, avec les États-Unis, le creuset de l'innovation basée sur la science dans le dernier quart du dix-neuvième siècle. C'est précisément dans le domaine des produits chimiques à haute valeur ajoutée que les entreprises allemandes se distinguent et vont rapidement prospérer. Bayer et Hoechst, toutes deux créées en 1863 (comme Solvay &

[25] Solvay-Masson, *Les débuts de la Société Solvay & Cie*, p. 32.

[26] Ernest Solvay, « Coup d'œil rétrospectif sur le procédé de fabrication de soude à l'ammoniaque », réédité sous le titre « L'histoire d'une invention », *Revue de l'Université Libre de Bruxelles*, VIII, 1902–1903, pp. 591–602 (ici, p. 593).

Cie), ainsi que BASF, qui voit le jour en 1865, croissent grâce à leur capacité à « capter » les connaissances externes et à articuler la stratégie commerciale au développement de la recherche industrielle. Les industries américaines ne sont pas à la traîne. Dans la nouvelle génération d'entreprises à recherche intensive, on retrouve Du Pont et Kodak dans le domaine chimique, ainsi que General Electric, Westinghouse et American Telephone & Telegraph Company dans les secteurs de l'énergie et des moyens de communication. Les laboratoires installés par ces entreprises emploient des chercheurs hautement qualifiés ; certains d'entre eux recevront d'ailleurs le Prix Nobel. L'émergence de l'industrie basée sur la science modifiera profondément et indéniablement la dynamique de la connaissance, de la technologie et du capitalisme industriel.[27]

En tenant compte de ce que nous avons déjà signalé, il serait plutôt inapproprié de classer l'industrie du carbonate de soude dans la catégorie de l'industrie basée sur la science. Ainsi, les principaux fabricants allemands de colorants artificiels ne sont pas concurrents directs de Solvay & Cie sur le marché des produits chimiques. Ils ne jouent pas dans la même cour, pour ainsi dire. Pour Solvay, le défi compétitif se trouve dans l'industrie des alcalis basée sur le procédé Leblanc. Contrairement à Ernest Solvay, qui deviendra un homme d'affaires prospère, le chirurgien français Nicolas Leblanc est un inventeur ingénieux mais un entrepreneur malchanceux. Il est complètement ruiné lorsqu'il se donne la mort en 1806. En dépit de la tendance humaine à refuser et à oublier les échecs (son nom n'est pas gravé sur la Tour Eiffel parmi la cohorte de scientifiques et techniciens français célèbres des dix-huitième et dix-neuvième siècles), sa contribution mérite bien plus qu'une note de bas de page dans les manuels d'histoire. En 1791, Leblanc dépose l'un des premiers brevets de la République française pour son procédé de fabrication de la soude à partir d'eau de mer. Plus important encore, son invention inaugure l'ère des produits chimiques de substitution, qui seront d'une importance capitale pour le développement de l'industrie

[27] La littérature traitant de ce sujet abonde, allant du grand classique "The Industrialization of Invention. A Case Study in Chemical Industry" de Georg Meyer-Thurow, *Isis*, 73, 1982, pp. 363–381 à la synthèse récente de François Caron, *La dynamique de l'innovation. Changement technique et changement social (XVIe-XXe siècles)*, Paris, Gallimard, 2010, sp. pp. 220–230.

Figure 1.5. Laboratoire semi-industriel, rue de Neufchâtel, Saint-Gilles (Bruxelles) vers 1900. Solvay y recherche des améliorations pour ses procédés existants et investigue de nouveaux territoires comme l'électrolyse à partir des années 1880. (Archives Solvay.)

du dix-neuvième siècle et plus spécialement pour les exportations au long cours.[28] Ironiquement, son procédé deviendra une source majeure d'activité industrielle soixante ans après sa mort. Le fruit des efforts de Leblanc sera récolté par ceux qui auront exploité son idée. « Les vingt années entre 1860 et 1880 », écrit l'historien David Landes, « furent l'âge d'or de l'industrie Leblanc. »[29] Dès le milieu des années soixante, les usines utilisant le procédé Leblanc emploient 10.000 hommes en Angleterre et au Pays de Galles. L'industrie Leblanc est stimulée par la forte progression de la demande en textiles, en savons et en nouvelles variétés de papier qui susciteront une augmentation de l'utilisation de poudre décolorante.[30]

[28] Bernadette Bensaude-Vincent et Isabelle Stengers, *Histoire de la chimie*, Paris, La Découverte, 1992, p. 208.

[29] L.F. Haber, *The chemical industry during the nineteenth-century*, Oxford, Clarendon Press, 1958, p. 95.

[30] Landes, *L'Europe technicienne*, p. 271.

C'est dans ce contexte qu'Ernest Solvay et son équipe se lancent dans leur projet – conquérir le marché des alcalis aux mains des soudiers Leblanc. Le risque est considérable et l'échec en est l'issue la plus probable. Il ne fait guère de doute qu'Ernest Solvay est hanté par le fantôme de Nicolas Leblanc (il installera bien plus tard dans son bureau une sculpture à l'effigie de son malheureux prédécesseur). Mais après avoir surmonté les premiers obstacles, Solvay et ses collaborateurs se persuadent de l'imminence du triomphe du procédé à l'ammoniaque. D'après eux, plusieurs caractéristiques plaident en sa faveur. Premièrement, le procédé est plus simple et plus élégant que celui de leurs rivaux. En outre, à une époque où les questions sur l'environnement ne font qu'émerger – l'*Alkali Act* entre en vigueur en Grande-Bretagne en 1863 afin de diminuer la pollution de l'air causée par les usines Leblanc –, le procédé Solvay représente une opportunité bienvenue. Enfin et par-dessus tout, il est moins cher et permet une production continue. Avec ces ingrédients, Solvay & Cie fait ses premiers pas dans le marché international des alcalis.

Figure 2.1. Quatre générations de dirigeants Solvay: Ernest (1838–1922), Armand (1865–1930), Ernest-John (1895–1972), et Jacques (1920–2010). (Archives Solvay)

2

Contours d'une entreprise familiale

> *– Tu es un Buddenbrook. Nous ne sommes pas nés pour vivre dans le but d'accéder à ce que nos yeux myopes perçoivent comme le bonheur. Nous sommes les maillons d'une chaîne. Toi aussi, tu es inconcevable sans ceux qui nous ont précédés.*
>
> Thomas Mann
> *Les Buddenbrook*, 1901

CRITÈRES ET STÉRÉOTYPES

Question: Quel est le point commun entre Coca-Cola, Hyundai et IBM?
Réponse: Ce sont toutes trois des entreprises familiales.

Contrairement à Solvay, Ford ou encore Hewlett-Packard, toutes les entreprises familiales n'ont pas une enseigne à leur nom, ni même celui-ci étiqueté sur leurs produits. La famille Woodruff exerce aujourd'hui encore une forte influence sur Coca-Cola, les Watson sur IBM, et la dynastie Ju-yung a toujours la mainmise sur le Groupe Hyundai.

Il n'y a rien de plus commun qu'une firme familiale. La structure familiale est la colonne vertébrale de l'économie depuis l'invention du capitalisme. Des navires marchands de l'Antiquité aux artisans des guildes, des ateliers bourdonnants de travailleurs de l'âge industriel aux réseaux actuels de la société post-industrielle, la famille est, et a toujours été, un modèle évident pour la création d'une entreprise. Pourtant, plus on s'attarde sur les caractéristiques spécifiques d'une entreprise familiale, plus on s'étonne du manque d'homogénéité de cette notion. La définir n'est pas chose aisée. Est-ce une question de possession ou de contrôle ? S'il s'agit d'une question de contrôle – ce qui est un critère particulièrement pertinent lorsqu'il s'agit d'entreprises cotées en bourse – dans quel domaine ce contrôle s'applique-t-il essentiellement : capital ou production, gestion journalière ou stratégie générale ? Est-ce la taille ou la nature de la filiale qui entre en ligne de compte ? Est-ce davantage une question de style, de « culture d'entreprise », qui définit l'entreprise familiale ? Si c'est le cas, celle-ci dépend-elle de modèles d'organisation particuliers ou plutôt d'une lignée de successeurs à long terme ? À bien y regarder, il y a autant de critères que d'exceptions qui peuvent prétendre à la définition d'une entreprise familiale. Il est donc préférable d'opter pour une approche souple et subjective.

Au-delà de cette recherche inexorable de profil type, les entreprises familiales sont souvent associées à une série d'impressions et de préjugés, plus ou moins basés sur des observations, qui contribuent à façonner leur compréhension. Ainsi, le sens commun voudrait que les entreprises familiales soient avant tout de petites entreprises spécialisées dans le commerce de détail, les produits de luxe ou l'artisanat. On ne s'attend pas à les voir figurer sur la liste des plus grandes entreprises. Un autre stéréotype qui a la vie dure, et qui est en partie perpétué par les historiens et les économistes, suggère que l'entreprise familiale constitue un modèle structurel plutôt désuet, voire obsolète, qui s'est essoufflé au contact de la société industrialisée. Autrement dit, l'unité familiale n'a pas résisté à l'émergence du capitalisme managérial caractérisé par le rôle grandissant des managers salariés extérieurs à la famille propriétaire de l'entreprise. Enfin et surtout, une idée reçue persiste selon laquelle les entreprises familiales ne sont pas profitables ; leur longévité laisserait à désirer. Malgré les éloges répétés sur les dynasties et leur durabilité, qui ne concerneraient qu'une poignée d'entre elles, les entreprises familiales seraient destinées à s'effondrer une fois la deuxième ou troisième génération venue. Cette thèse est précisément celle de l'« effet Buddenbrook », qui tire sa référence du portrait littéraire que dresse Thomas Mann d'une famille de marchands aisés de Lübeck au dix-neuvième siècle. À la suite d'une crise de succession entre la deuxième et la troisième génération, la famille Buddenbrook entame son lent mais inexorable déclin social, tandis que l'entreprise se morcelle et finit par s'effondrer.

Ces vues réjouissantes et optimistes sur les entreprises familiales ont longtemps perduré. Or elles sont soit ouvertement exagérées, soit tout à fait fausses. Les entreprises familiales n'ont jamais été condamnées à rester modestes, démodées ou moins rentables que les autres. En fait, le modèle du capitalisme personnel jouit d'un essor considérable, perceptible aussi bien dans les pays précocement industrialisés qu'au sein des marchés émergents actuels. Tous secteurs confondus, certaines des entreprises les plus influentes aujourd'hui sont soit possédées, soit dirigées par des familles (voir tableau ci-dessous). Lorsqu'il s'agit de grandes entreprises, les estimations suggèrent que 17 des 100 plus grandes entreprises américaines et allemandes de la fin du vingtième siècle étaient des entreprises familiales.[1] D'autres calculs indiquent une proportion largement plus élevée en France (26%) et en Italie (43%).[2] D'un autre côté, les statistiques ne reflètent que très peu la réalité quand on sait à quel point l'influence des familles peut être discrète, mais ô combien décisive, dans les conseils d'administration de certaines grandes firmes. Par ailleurs, l'utilisation fréquente du droit de vote multiple au sein de ces entreprises ne permet pas de jauger adéquatement ce qui se joue derrière cette vague notion d'« influence ».

Solvay a toujours été un membre à part entière du groupe des entreprises familiales. À travers ses 150 ans d'histoire, l'entreprise est parvenue à conserver la marque de la famille Solvay en termes de contrôle mais aussi sur le plan de la prise de décision à court et à long terme. Comme nous l'avons déjà signalé, cette empreinte familiale n'implique pas que l'entreprise fût forcément conservatrice ni systématiquement méfiante vis-à-vis des actionnaires ou des directeurs extérieurs à la famille. Le processus de succession ne s'est jamais articulé sur le choix de membres de la famille indépendamment de leurs compétences. Néanmoins, il est indéniable que la « touche familiale » de l'entreprise Solvay a été un ingrédient essentiel de son succès, ainsi qu'une composante cruciale pour sa stabilité et sa survie. Les pages qui suivent visent à mettre en relief la singulière redécouverte d'un jeune inventeur-entrepreneur

[1] Andrea Colli, *The History of Family Business, 1850–2000*, Cambridge, Cambridge University Press, 2003, p. 16.

[2] Harold James, *Family Capitalism*, Cambridge, MA, Belknap Press, 2006, pp. 4–5.

Tableau 2.1. Les plus grandes entreprises familiales du monde en 2004 (par revenus)

Entreprises	Pays	Industrie	% possédé ou contrôlé par la famille
Wal-Mart	États-Unis	Grande distribution	La famille Walton possède environ 38% du capital
Ford Motor	États-Unis	Automobile	La famille détient 40% des actions
Groupe Samsung	Corée du sud	Électronique	La Famille Lee contrôle environ 22% du capital
Groupe LG	Corée du sud	Électronique	Les familles Koo et Huh possèdent approximativement 59% du capital
Groupe Carrefour	France	Grande distribution	Les familles contrôlent 29% des actions
Cargill	États-Unis	Agroalimentaire	La famille détient environ 85% du capital
Groupe Fiat	Italie	Automobile	La famille Agnelli possède plus ou moins 30% du capital
PSA Peugeot Citroën	France	Automobile	La famille Peugeot détient 42% des actions
BMW	Allemagne	Automobile	La famille Quandt contrôle 47% des actions

Source: *The Economist*, 4 Nov. 2004

qui a planté la graine de ce qui allait *devenir* une entreprise familiale nommée Solvay & Cie.

LE PREMIER CERCLE ET LE PLUS « SOUDÉ » – LE CLAN SOLVAY

Comme dans les fables, les histoires de familles débutent généralement par « il était une fois » jouant en quelque sorte un rôle d'amorce qui vise à éveiller l'imagination du lecteur.[3] En ce qui concerne les Solvay, il serait plus adéquat d'énoncer « il était un lieu », dans la mesure où généalogie et géographie sont étroitement liées lorsqu'il s'agit de la nature du développement de l'entreprise.

[3] Cette section s'appuie essentiellement sur Gubin et Piette, « Une histoire de famille ».

Figure 2.2. Quatre présidents: Debout : Aloïs Michielsen (CEO 1998–2006 ; président du Conseil 2006–2012), Daniel Janssen (CEO 1986–1998 ; président du Conseil 1998–2006) ; assis : Yves Boël (président du Conseil 1991–1998), Jacques Solvay (CEO 1971–1986 ; président du Conseil 1971–1991). Parmi eux, Aloïs Michielsen est le seul dirigeant – et le premier CEO – non issu de la famille Solvay. (Archives Solvay)

Depuis le dix-huitième siècle, les Solvay sont installés dans le village de Rebecq, à une trentaine de kilomètres au sud de Bruxelles. La bourgade n'est pas située au cœur de la zone d'essor de l'industrie belge. C'est une région plutôt rurale, dont le décollage

Figure 2.3. Carrières de porphyre de Quenast, l'une des principales activités industrielles de la région rurale de Rebecq. Alexandre Solvay, père d'Ernest et Alfred, a exploité l'une de ces carrières dans les années 1840–1850. (Lithographie reproduite dans Bart Van Der Herten, Michel Oris, et Jan Roegiers, éds., *La Belgique industrielle en 1850: Deux cent images d'un monde nouveau*. Anvers, Belgique : MIM / Crédit Communal, 1995. Lithographie originale : éditeur : Jules Géruzet ; Imprimeur : Simonau & Toovey ; lithographe : Adrien Canelle.)

semi-industriel ne prend qu'au milieu du dix-neuvième siècle. Cependant, on peut dire que Rebecq est aux Solvay ce que le village de Hayange en Lorraine est aux Wendel – le berceau dynastique, l'endroit où tout a commencé. Rebecq est non seulement le lieu de naissance d'Ernest Solvay et de ses frères et sœurs, mais c'est également là que l'entreprise Solvay a pris forme d'un point de vue sociologique, à travers la conjonction de multiples liens. Pour clarifier, trois cercles peuvent être distingués en termes de degrés de parenté et d'intimité : famille, proches et amis.

Sans nul doute, le premier cercle renvoie aux membres de la famille nucléaire qu'on pourrait surnommer le « clan Solvay ».

Alexandre Solvay (1799–1889), le père d'Ernest, vient immédiatement à l'esprit en tant que patriarche de la famille – un terme qu'il n'aurait peut-être pas rejeté. Cadet d'une famille de huit enfants, Alexandre démissionne rapidement du poste d'enseignant dont ses frères et lui ont hérité au pensionnat de Rebecq créé par son père en 1793. Apparemment, ce n'est pas la vie dont il rêve. Il est plutôt attiré par le développement prometteur des milieux du commerce et des affaires, domaines dans lesquels certaines de ses connaissances ont entamé leur carrière. Il opte pour l'industrie d'extraction et obtient une concession pour exploiter un site tout proche. La carrière est dénommée Renaissance, un nom approprié au vu des nouvelles ambitions d'Alexandre. Son projet est bien pensé. Des ballasts de porphyre sont utilisés pour stabiliser les chemins de fer. Introduits en Belgique en 1835, ces derniers sont alors en expansion constante. Mais cette année-là est importante à plus d'un titre car c'est à ce moment qu'Alexandre épouse Adèle Hulin (1809–1878). Adèle est l'aînée d'une famille relativement aisée de cinq enfants, plus riche que les Solvay, surtout en terme de patrimoine foncier. En un sens, le mariage d'Alexandre et d'Adèle ouvre la voie au rapprochement des liens entre les familles, les deux frères cadets d'Adèle ayant épousé deux des sœurs d'Alexandre dans les années 1850. Les générations successives perpétuant la tradition du mariage, la généalogie croisée des familles Solvay et Hulin en devient si complexe que Marie, la femme d'Alfred, la dépeint (en 1915) comme un véritable « puzzle pour les descendants actuels ».[4] L'héritage moral qu'Alexandre et Adèle cultivent pour leurs cinq enfants est caractéristique de la moyenne bourgeoisie désireuse d'inculquer les valeurs libérales d'éducation, de progrès et de travail, sans pour autant renier les principes chrétiens du moment qu'ils se défient de tout dogme. L'approche intellectuelle d'Alexandre est illustrée par une série de « pensées et maximes » qui seront plus tard réunies et transmises à la famille par son fils aîné. Certains de ces aphorismes semblent plutôt pertinents compte tenu de ce qui arrivera par la suite: « L'homme le plus heureux est le plus occupé », « Le succès naît de la persévérance » ou encore

[4] Solvay-Masson, *Les débuts de la Société Solvay & Cie*, p. 11.

« La gloire des grands hommes se doit toujours mesurer aux moyens dont ils se sont servis pour l'acquérir ».[5]

Si l'on observe le jeune Ernest Solvay de plus près tout en se concentrant sur le premier cercle, deux personnes présentes au cœur même de ce cercle sortent du lot : le frère cadet d'Ernest, Alfred (1840–1894), et sa femme, Adèle Solvay née Winderickx (1845–1928). Leur rôle dans la vie d'Ernest, mais aussi dans la création et le développement de l'entreprise familiale, est inversement proportionnel au crédit et à la reconnaissance dont ils feront l'objet. Alfred est le premier partenaire et le meilleur ami d'Ernest. Bien entendu, l'association entre frères est loin d'être exceptionnelle dans l'histoire du capitalisme industriel. Ce qui semble frappant dans le cas des deux Solvay est le fait que le plus jeune frère n'est pas un partenaire secondaire qui arrive en cours de route (comme le fut Joseph Thyssen par rapport à son grand frère August) ou un professionnel assigné à une fonction désignée pour lui (comme le fut Anton Philips pendant plusieurs années avant de devenir partenaire de plein droit). Bien que les principales directives soient données par Ernest, c'est Alfred qui, accompagné de Louis-Philippe Acheroy (voir ci-dessous), effectue la plus grande partie du travail expérimental dans leur rudimentaire station d'essais de Schaerbeek, tout comme à l'usine de Couillet lorsqu'elle sera créée. De cette manière, Alfred devient, avec Louis Acheroy, le premier employé de son frère ; il perçoit un revenu mensuel de 2.500 francs belges. Des années plus tard, lorsque Solvay & Cie rencontre enfin le succès, l'implication d'Alfred dans les affaires quotidiennes ne s'est pas estompée, que du contraire. Ses compétences humaines et sa capacité d'organisation sont reconnues comme telles par tout le personnel. Lorsqu'il meurt prématurément en 1894, Ernest devient, d'après ses biographes, plus irritable et esseulé que jamais. Il est déterminé à évoquer le rôle de son cadet en toutes circonstances. Par la suite, les générations successives de gérants de Solvay & Cie se référeront à Ernest et Alfred comme étant les « frères fondateurs » dans le but de perpétuer l'héritage de leur entrepreneuriat collectif. La mémoire collective, au contraire, a largement éclipsé Alfred. Et il n'est pas le seul à avoir connu ce sort.

[5] *Pensées et Maximes glanées par Alexandre Solvay*, Bruxelles, hors commerce, 1900, p. 58, 62, 95.

Si l'histoire de la famille Solvay était une œuvre cinématographique, Adèle Solvay-Winderickx pourrait revendiquer un prix dans la catégorie du meilleur second rôle. Cependant, son histoire est authentique, même si, comme pour la plupart des femmes dans l'histoire des entreprises et dans l'histoire en général, le public n'a retenu d'elle qu'une facette particulière, celle de Madame Solvay. Comme pour Alfred, la mémoire collective a effacé Adèle de son registre sélectif. Cela est peut-être dû au fait que son rôle estt strictement confiné aux règles édictées par le code moral de la société bourgeoise de la fin du dix-neuvième siècle. Avant de devenir Madame Solvay en 1863, Adèle Winderickx fait déjà partie de la famille d'Ernest : ils ont les mêmes grands-parents maternels – Jean-Joseph Hulin et Lucie Marie Cooreman. Elle connaît dès lors les coins et recoins des réseaux des Solvay à Rebecq. L'héritage et la dot familiale qui accompagnent son mariage constituent une source de capital précieuse pour son mari, un apport plus que bienvenu durant les années difficiles. De plus, le père d'Adèle, Anselme Winderickx, ne manque pas de fournir un « soulagement moral et matériel » à son gendre lorsqu'il a cruellement besoin de financer son projet industriel.[6] Il ne faut pas négliger le fait que, durant les débuts de l'entreprise, Adèle élève quatre enfants : Jeanne (1864–1947), Armand (1865–1930), Hélène (1866–1938), et Edmond (1870–1940). À première vue, la distribution des rôles donne l'impression d'une répartition sexuée des tâches – Ernest à l'usine, Adèle à la maison. Cela semble crédible car conforme aux consignes de l'idéologie bourgeoise de l'époque. Cependant, Adèle joue sur les deux tableaux – elle s'occupe des enfants tout en contribuant au développement de la dynastie industrielle. Compte tenu des préoccupations professionnelles et personnelles d'Ernest, c'est elle qui se retrouve à la tête du ménage à maintes reprises. Parmi ses nombreuses initiatives, elle se distingue surtout par son implication dans les acquisitions immobilières successives du clan Solvay à Bruxelles et dans les alentours. Ce rôle peut être vu comme une métaphore de son caractère d'ensemble : la main tendue, les pieds fermement vissés au sol.

[6] Solvay-Masson, *Les débuts de la Société Solvay & Cie*, p. 32.

LES DEUXIÈME ET TROISIÈME CERCLES : PROCHES ET AMIS

En s'unissant à Adèle Hulin, Alexandre Solvay obtient non seulement la garantie d'une amélioration de ses conditions de vie, mais aussi un accroissement de son capital social et de celui de ses enfants. Ce groupe appartient au deuxième cercle, qui se compose de la famille élargie, composée pour la plupart des membres de la belle-famille. Parmi eux, on retrouve les Semet, dont l'expérience industrielle est aguerrie. Comme nous l'avons dit, Florimond Semet, le beau-frère d'Alexandre, possède l'usine à gaz qui deviendra plus tard le premier site d'expérimentation d'Ernest. Issu de la génération suivante, Louis Semet, vraisemblablement le neveu de Florimond, épouse en 1874 la plus jeune sœur d'Ernest, Elisa, et devient gérant de Solvay & Cie pour une vingtaine d'années. Ingénieur doté de solides compétences expérimentales, il conçoit un système de fours à coke permettant la récupération de l'ammoniaque comme sous-produit. La technique a été, bien entendu, extrêmement utile dans le cadre de la production continue du procédé Solvay. En fait, c'est toute la belle-famille d'Ernest qui apporte sa pierre à l'édifice : tant le médecin Léopold Querton, époux d'Aurélie Solvay, que le notaire Alphonse Delwart, époux d'Alphonsa Solvay, dont la famille était déjà historiquement liée aux Solvay. À un moment ou l'autre, leurs descendants occuperont une position importante dans l'entreprise. D'un autre côté, appartenir au cercle des proches – tout comme aux autres cercles d'ailleurs – n'est pas forcément synonyme de collaboration fructueuse et encore moins de gage du succès d'une entreprise. Signalons, à titre d'exemple, le changement d'attitude de Florimond Semet à l'égard de son neveu lorsque celui-ci commence à négliger son travail à l'usine de gaz et qui débouchera sur la démission (forcée) d'Ernest de l'entreprise de son oncle en août 1865. Ernest voit s'envoler la garantie d'un salaire fixe. Il lui faut désormais consacrer tout son temps à son invention, quel que soit le risque encouru pour lui et sa famille. Personne ne se doute alors que c'est là un mal pour un bien pour l'avenir de Solvay & Cie. Trente ans plus tard, un ingénieur en chef américain né en 1863 (décidément une bonne année pour l'entrepreneuriat) suivra le même chemin en quittant son poste chez Edison Illuminating à

Detroit dans l'intention de créer sa propre entreprise. Son nom : Henry Ford.

Le deuxième cercle ne se compose pas exclusivement de membres de la belle-famille. On y retrouve également un ami proche déjà mentionné à plusieurs reprises et qui, bien qu'il ne fasse pas réellement partie de la famille, mérite sa place dans cette catégorie. Pour les historiens, Louis-Philippe Acheroy reste un personnage énigmatique et mystérieux. Pour les autres, il n'est qu'une ombre parmi les ombres. Membre d'une famille de Rebecq, il abandonne sa vocation monastique initiale pour s'orienter vers l'industrie chimique sur les instances de son ami d'enfance, Ernest. Il devient d'abord l'assistant d'Alfred à la station d'essais de Schaerbeek et s'improvise ensuite chef de fabrication une fois l'entreprise sur les rails. Dénué de toute formation technique certifiée, il sort avec grande distinction de l'école de la pratique, passant le plus clair de son temps de travail à l'atelier. C'est ainsi qu'Acheroy devient un maillon essentiel de l'entreprise. Son expertise technique dans le procédé de soude à l'ammoniaque, de sa conception de base jusque dans ses moindres détails, fait de lui un travailleur irremplaçable pour l'agencement des appareils et le contrôle du procédé. Pour cette raison, on lui demande d'assurer la supervision des premières usines construites à l'étranger. Jusqu'à son départ de l'entreprise en 1894, sa loyauté envers les frères Solvay reste inconditionnelle. Une partie non négligeable du succès de l'entreprise est due à cet ami discret et assidu.

Le troisième et dernier cercle comprend les amis et relations sans lesquels la firme familiale n'aurait jamais vu le jour. Le premier sur la liste est un vieil ami des Solvay. Il s'agit de Guillaume Nélis (1802–1896), un notable de l'industrie locale. À la tête d'une fabrique de papier de la région et actionnaire de plusieurs entreprises chimiques, il est également membre de la Chambre des Députés. Il incarne une précieuse porte d'entrée vers les classes supérieures de la société et leur capacité à investir des capitaux à risque. Nélis présente Ernest à un autre député – Eudore Pirmez (1830–1890). Brillant avocat d'affaires et orateur talentueux, – un talent qu'il exercera brièvement au sein du gouvernement belge (1868–1870) – Pirmez fait partie de l'une des plus prestigieuses dynasties industrielles de la région de Charleroi.[7] Comme nous l'avons mentionné, il attire l'attention d'Ernest sur la nécessité d'assurer la paternité de son invention. Et lorsqu'Ernest découvre qu'il n'a pas la priorité de la découverte, Pirmez trouve les bons mots afin de l'empêcher de tout abandonner. Alors qu'Ernest pense en termes d'innovation technologique, la logique de Pirmez est celle d'un investisseur : si tant de personnes ont pris des risques pour cette invention, c'est qu'il y a un gros profit à la clé. « Cela m'excite plus que cela ne m'effraie », aurait-il dit à l'époque.[8] Pirmez se charge donc de la campagne de collecte de fonds. Il se tourne d'abord vers sa propre famille. Il convainc son père (Léonard Pirmez), sa tante (Hyacinthe Pirmez), et son beau-père (Valentin Lambert) d'investir dans l'entreprise. Il s'adresse ensuite à un collègue que Guillaume Nélis et lui ont en commun au Parlement, Gustave Sabatier (1819–1894), connu d'abord comme directeur de sites d'exploitation minière. Intéressante coïncidence, Nélis, Pirmez, et Sabatier sont tous trois membres du Parti Libéral belge, surnommé à l'époque le « Parti industriel », dans la mesure où il prône le laissez-faire économique.[9] Ils décident de joindre l'acte à la parole. Le projet qui leur est soumis par le jeune Ernest Solvay est exactement ce qu'ils recherchent afin de favoriser l'expansion industrielle. Mais ce ne sera pas sans négocier.

LA VIE AU SEIN D'UNE SOCIÉTÉ EN COMMANDITE

La transition entre la découverte du procédé de soude à l'ammoniaque et la création de l'entreprise n'est pas linéaire, et encore moins évidente. Bien que Solvay & Cie puisse être définie depuis sa fondation comme étant une entreprise familiale en termes

[7] Jean-Louis Delaet et Valérie Montens, « Famille Pirmez », dans Ginette Kurgan-van Hentenryk, Serge Jaumain et Valérie Montens (éds.), *Dictionnaire des patrons en Belgique*, Bruxelles, De Boeck, 1996, pp. 513–517.

[8] Cité dans Jean-Louis van Belle, *Solvay & Cie. Recueil d'archives inédites relatives à la société en commandite, 1862–1890*, Ed. La Taille d'Aulme, Braine-le-Château, 2008, p. 36. Voir aussi Jacques Bolle, *Solvay, L'invention, l'homme, l'entreprise industrielle*, Ed. Weissenbruch, Bruxelles, 1963, p. 50.

[9] Ginette Kurgan, « Gustave Sabatier », dans Kurgan, Jaumain, Montens (éds.), *Dictionnaire des patrons*, pp. 539–540.

Figure 2.4. Les gérants et directeurs de Solvay & Cie visitent régulièrement les sites de production, afin de rester en contact avec la base. De gauche à droite : Édouard Hannon, Hönnecken, Armand Solvay, Nicolas de Krukoff, Fernand van der Straeten, Ernest Solvay, Alfred Solvay et Léopold Querton visitent la soudière allemande de Wyhlen, vers 1890. (Archives Solvay)

de développement immédiat et de culture patronale, la notion n'est pas d'application en ce qui concerne la propriété des titres. Pas moins de trois-quarts du capital initial émanent d'associés extra-familiaux. Cela dit, il est important de souligner qu'à l'époque, cette situation constitue davantage la norme que l'exception. Les entrepreneurs cherchent désespérément des associés pour financer leurs inventions. Une alternative aurait consisté à frapper à la porte des banques d'investissement – ce qui aurait inévitablement engendré des conditions d'emprunt rédhibitoires. Comme tous les entrepreneurs, Ernest Solvay ne se fait aucune illusion sur les financiers. « Un banquier est quelqu'un qui vous prête un parasol avec réticence quand le soleil brille, mais qui refuse un parapluie lorsqu'il se met à pleuvoir, » dit un jour un cadre de chez Peugeot & Frères.[10] L'évolution du partenariat financier qui constitue les fondations de Solvay & Cie est une histoire à rebondissements, quasiment dramatique, dont la trame se déroule en trois actes successifs.[11]

Sans surprise, la création de Solvay & Cie en Décembre 1863 constitue le premier acte. « C'est à ce stade que mon histoire change de caractère », écrit la veuve d'Alfred dans ses mémoires à propos des débuts de l'entreprise, « elle commence plutôt à ressembler à un rapport d'affaires qu'à un récit familial. »[12] En effet, l'ampleur de l'investissement – et, par conséquent, la répartition des parts de propriété – est au centre des discussions qui animent la formation du capital de l'entreprise. Cet épisode concerne les Solvay et les membres du troisième cercle décrit ci-dessus. Alors que les frères Solvay reçoivent trente-quatre actions représentant la valeur approximative de la station d'essais à Bruxelles et de son matériel, ainsi que celle des brevets et du procédé, les autres associés – Nélis, Sabatier, et les familles Pirmez et Lambert – détiennent la plupart des titres. Ceux-ci font partie d'une catégorie d'actions privilégiées de première classe, ce qui signifie que leurs détenteurs ont la priorité dans la distribution des profits. Enfin et surtout, Solvay & Cie est créée en tant que société en commandite, la forme juridique la plus courante de l'époque. Cela implique une distinction entre gérants commandités et associés commanditaires. Alors que les gérants sont responsables de la direction et les seuls à devoir répondre des dettes encourues par l'entreprise (jusqu'à leur fortune personnelle), les commanditaires ne sont pas impliqués dans la gestion et ne doivent répondre des dettes de l'entreprise qu'au prorata de leurs mises de fonds. En résumé, les frères Solvay prennent sur leurs épaules tous les risques du projet sans en être directement récompensés. C'est le prix à payer pour obtenir le capital à risque sans devoir faire appel aux banques et à leurs taux d'intérêt prohibitifs.

Le deuxième acte de la société en commandite coïncide avec la mort imminente de l'entreprise (scène I) suivie de près par sa renaissance instable (scène II). Comme on pouvait s'y attendre, les

[10] Cité dans David Landes, *Dynasties. Fortunes and Misfortunes of the World's Great Family Businesses*, London, Viking, 2006, p. 175.

[11] Sauf remarque, cette section s'appuie sur Bertrams, Coupain, Homburg, *Solvay*, chapitres 1 et 3.

[12] Solvay-Masson, *Les débuts de la Société Solvay & Cie*, p. 24.

premières années de Solvay & Cie mettent le partenariat à rude épreuve. Compte tenu de sa médiocre rentabilité, l'entreprise est au bord de la faillite. Les commanditaires finissent par s'en émouvoir. La pression atteint son paroxysme quand, lors d'une réunion des actionnaires tenue à Rebecq le 29 octobre 1865, Alexandre Solvay prend conscience du niveau d'endettement de l'entreprise. Lorsqu'il apprend que, dans une société en commandite, la faillite a des conséquences illimitées pour les gérants, il consent finalement à emprunter pour équilibrer les finances. Après des négociations ardues, Solvay & Cie est remise à flot. Un nouveau contrat de société qui reflète les nouvelles conditions du partenariat intervient en 1866. Bien que la famille Solvay ait investi dans le capital de façon nette – détenant pas moins de 20% des actions –, les statuts de l'entreprise réduisent drastiquement la marge de manœuvre des frères Solvay. En tant qu'actionnaires majoritaires, les Pirmez et les Lambert auraient pu se transformer en « actionnaires invisibles ». Il n'en est rien et ils décident de mettre la main à la pâte. Les associés avancent des propositions d'améliorations d'ordre technique et commercial, cherchent les conseils des chimistes chevronnés et s'emploient à attirer des investisseurs supplémentaires.[13] De façon générale, cet environnement collectif permet à l'entreprise de sortir de l'ornière. Plus symboliquement, le nouveau souffle donné aux affaires coïncide avec le déménagement d'Ernest et d'Adèle Solvay (et de leurs trois enfants) rue du Prince Royal à Ixelles, au sud-est de Bruxelles. Leur nouvelle demeure est le point de départ d'une expansion de biens immobiliers dans la même rue, qui deviendra plus tard le quartier général de l'empire industriel des Solvay. Ainsi, en 1883, les Solvay feront l'acquisition d'une prestigieuse propriété rue des Champs-Élysées à Ixelles, connue aujourd'hui comme étant la Maison Ernest Solvay.[14]

Le troisième acte est, à maints égards, le plus surprenant et imprévisible de tous. Il se déroule dans les années 1880, l'époque où Solvay & Cie devient une entreprise internationale florissante. Entre-temps, des adaptations juridico-techniques ont été effectuées. La famille Solvay a entamé une remarquable ascension dans le capital de l'entreprise par le biais de divers mécanismes (augmentation

[13] Van Belle, *Solvay & Cie. Recueil d'archives*, p. 36, 167.
[14] Gubin et Piette, « Une histoire de famille », p. 120.

de capital, renégociation du contrat de société, comptabilité créative, etc.), qui ont nécessité une expertise en ingénierie juridique d'entreprise. Ce qui apparaît à ce moment comme une stratégie de *reconquista*, une sorte de retour en force, débouche sur une révision fondamentale des statuts en 1882. Les Solvay détiennent alors 64% des parts de la société (Ernest possédant à lui seul plus de la moitié de ce pourcentage) auxquelles est associée une proportion inégale des droits de vote. Pour Ernest, ce revirement spectaculaire est tout sauf usurpé. Son frère et lui ont « travaillé comme des forçats » pour arracher ce succès. Par conséquent, Ernest pense que les gérants méritent une partie du bénéfice dont ils ont été privés lors de l'établissement des versions initiales des statuts. Bien entendu, les commanditaires s'y opposent. Une action en justice découlera de l'impasse des négociations dans laquelle se trouvent les associés. Le litige ne sera aplani qu'à la suite d'un accord financier intervenu en 1890. Eudore Pirmez, qui mène la fronde, ne verra pas l'aboutissement de ces transactions – il décède avant d'avoir atteint l'âge de soixante ans après avoir vécu une vie professionnelle intense. Ses dernières activités dans l'arène politique consisteront à siéger à la présidence du Conseil Supérieur de l' État Indépendant du Congo du Roi Léopold II après le Congrès de Berlin de 1885, d'une part, et au sein du Comité belge du Travail, créé à la suite des émeutes industrielles à Liège en 1886, d'autre part. La mort de Pirmez met un terme au drame en trois actes du partenariat. La structure de la société restera inchangée jusqu'à son introduction en bourse en 1967. Les commanditaires et leurs descendants resteront d'importants actionnaires et seront jusqu'au bout représentés au sein du Conseil de Surveillance de l'entreprise, qui contrôle sa santé financière.

INTÉGRER LES EXTERNES OU COMMENT ÉVITER LE SYNDROME DU ROI LEAR

Lors de la célébration du vingt-cinquième anniversaire de Solvay & Cie en 1888, il ne fait aucun doute qu'Ernest Solvay est devenu non seulement un capitaine d'industrie, mais aussi l'unique capitaine à bord. Cependant, vers le milieu des années 1880, son état de santé, principalement fragilisé par ce que l'on appellerait aujourd'hui un *burn-out* – qui se manifestera plus tard par des accès chroniques de dépression nerveuse – le contraint à lâcher les rênes de son « chef-d'œuvre ». L'idée de transformer la commandite en société anonyme, tout en préservant la mainmise de la famille sur certains mécanismes de décision, est abordée à plusieurs reprises. Les avantages sont nombreux, mais la crainte d'être absorbé par un tiers retient toujours Ernest. Il n'en va pas de même pour la diversification des capacités de gestion. Comme le démontre tragiquement le *Roi Lear* de Shakespeare, l'hérédité seule ne suffit pas à maximiser la performance. S'il n'est pas certain qu'Ernest ait jamais exprimé un goût prononcé pour les classiques de la littérature anglaise, il savait certainement gérer une entreprise. Assez rapidement, il manifeste son intention d'injecter du sang neuf aux postes de direction. Chez Solvay & Cie, le premier prototype extra-familial se nomme Prosper Hanrez (1842–1920). Fils d'un brillant industriel spécialisé dans la fabrication mécanique, Hanrez est lui-même ingénieur civil diplômé de la prestigieuse Ecole des Mines de l'Université de Liège.[15] Son profil diffère radicalement de celui des frères Solvay et c'est pour cette raison qu'ils l'engagent en 1873. Il devient concepteur, organisateur et directeur de la première usine Solvay & Cie installée hors de Belgique, à Dombasle, en Lorraine française. La production dépasse toutes les attentes et Dombasle devient un modèle pour les usines Solvay à venir. En guise de récompense, Hanrez est nommé gérant en 1879 et reçoit un pourcentage des actions de la société. Mais il en veut davantage, plus que les frères sont prêts à lui donner. La confrontation avec Ernest devient inévitable – Hanrez démissionne de Solvay & Cie en 1886.

Hanrez est remplacé par Louis Semet, le beau-frère d'Ernest et d'Alfred. En tout état de cause, l'épisode Hanrez met en évidence que la loyauté envers l'entreprise doit prévaloir sur les ambitions personnelles. Et dans ce cas, rien ne vaut un membre de la famille. D'un autre côté, une certaine « marge de manœuvre » est nécessaire afin de s'assurer des compétences des candidats internes. S'il existe une perle rare qui possède à la fois la loyauté d'un membre de famille et les compétences d'un manager professionnel, autant la

[15] René Brion, « Famille Hanrez », dans Kurgan, Jaumain, Montens (éds.), *Dictionnaire des patrons*, pp. 349–351.

Figure 2.5. Dîner chez Carl Wessel, dirigeant des Deutsche Solvay Werke, vers 1900. On distingue notamment, à gauche, les gérants Georges Querton, Edgard Hulin, et Fernand van der Straeten entourant Carl Wessel ; et à droite, Ernest Solvay et Louis Semet. (Archives Solvay)

dénicher au sein de l'armada des beaux-fils. Les générations successives du deuxième cercle sont donc mobilisées afin d'intégrer les échelons les plus élevés de la hiérarchie de la société – le Conseil d'Administration et la Gérance. Les membres de la belle-famille ont l'insigne avantage de combiner des atouts familiaux et non-familiaux, étant à la fois *insiders* et *outsiders*. L'admission de nouveaux gérants s'organise en vagues successives. La première a lieu en 1894 afin de pallier la mort soudaine d'Alfred à l'âge de 54 ans. Le fils aîné d'Ernest, Armand, est appelé à siéger. Il est rejoint au Conseil de Gérance par Fernand van der Straeten (1856–1932), le mari de la fille d'Ernest, Hélène. La deuxième vague se déroule en 1907 – une année importante pour la revitalisation de la direction de Solvay & Cie, car on assiste à l'intégration de pas moins de quatre nouveaux gérants. Trois d'entre eux incarnent toute la panoplie des liens familiaux : le cousin d'Ernest (Edgard Hulin, 1851–1919), le fils du beau-frère d'Ernest (Georges Querton, 1874–1914), et le fils unique d'Alfred (Louis Solvay, 1876–1952). Le quatrième gérant, et le seul qui ne fasse pas partie de la famille, est l'ingénieur Edouard Hannon (1853–1931), qui avait été engagé en 1876 et avait modelé l'organisation de l'importante Direction centrale technique.

Alors que l'habitude d'opter pour des membres de la belle-famille se perpétue largement après le déclenchement de la Première Guerre mondiale, aucun externe ne sera jamais amené à faire partie du Conseil de Gérance jusqu'à l'introduction de Solvay en bourse en 1967. Après cette année, de plus en plus d'individus extérieurs à la famille sont nommés soit au Conseil d'administration soit au Comité Exécutif mais cette pratique n'en devient pas une règle pour autant. Cela témoigne de l'importance d'arrimer l'entreprise à une colonne vertébrale familiale au sens large. C'est ainsi que les menaces de dilution du capital ont été soigneusement évitées par Ernest Solvay. De même, la famille est parvenue à déjouer les pièges bien connus de la succession à la tête d'une entreprise familiale entre les deuxième et troisième générations, l'« effet Buddenbrook » évoqué. À la suite de la mort du fondateur en 1922, la menace d'une guerre des différentes branches familiales en vue de prendre le contrôle de l'entreprise est écartée. Une partie de cette réussite est due à un processus de réalignement sur les valeurs et les liens familiaux. *Mutatis mutandis*, un modèle similaire avait été appliqué par d'autres grandes entreprises familiales, comme le groupe Wendel. À la mort de son patriarche, Charles de Wendel, en 1784, la question de l'unité et de la survie de la société s'était posée. Il avait finalement été décidé que les choses se poursuivraient selon les conditions suivantes : « Avec M. de Wendel, la Maison était une famille au sein d'une entreprise ; sans M. de Wendel la Maison doit être une entreprise dans une famille ».[16] Des successions réussies, en d'autres termes, sont nécessaires à la durabilité d'une entreprise familiale. Néanmoins, aussi importantes soient-elles, ces conditions ne suffisent pas à comprendre comment une entreprise familiale devient une grande multinationale. C'est ce qu'il convient d'aborder dès à présent.

[16] Extrait de James, *Family Capitalism*, p. 139.

Figure 3.1. Machine d'épuisement à l'usine de Solvayhall, Allemagne. Dans ce pays, les Deutsche Solvay Werke entreprennent l'exploitation de gisements de potasse dans la région de Stassfurt. (Archives Solvay)

3

La formation d'un empire industriel

– De plus en plus les intérêts se diversifient, se mobilisent, se mêlent, s'enchevêtrent ; par-dessus les frontières des races et par-dessus les frontières des douanes travaillent les grandes coopérations du capitalisme industriel et financières (...). Et les banques, les grandes banques s'installent derrière les entreprises, elles les commanditent, elles les subventionnent, et en les commanditant, en les subventionnant, elles les coordonnent ; et comme elles subventionnent en même temps les succursales lointaines dans tous les pays et par-delà les mers, voilà que la puissance des banques se dresse, coordonnant les capitaux, enchevêtrant les intérêts de telle sorte qu'une seule maille de crédit déchirée à Paris, le crédit est ébranlé à Hambourg, à New York, et qu'il se fait ainsi un commencement de solidarité capitaliste, redoutable quand elle est manœuvrée par des intérêts inférieurs, mais qui, sous l'inspiration de la volonté commune des peuples, peut devenir à certaines heures une garantie pour la paix.

Jean Jaurès
Discours au Parlement, 20 Décembre 1911[1]

« PLUS VITE, PLUS HAUT, PLUS FORT » : UNE REPRÉSENTATION DE LA PREMIÈRE MONDIALISATION

La période qui s'étend du dernier quart du dix-neuvième siècle au déclenchement de la Première Guerre mondiale en 1914 voit s'opérer une expansion extraordinaire de l'économie mondiale avec l'Europe comme centre de gravité. Le trait distinctif de cette période

[1] Cité dans Suzanne Berger, *Notre première mondialisation*, Paris, Seuil, 2003, p. 83.

de croissance est, avant toute chose, qu'elle ne repose pas sur une base quantitative. Bien entendu, le volume commercial, la production industrielle et les niveaux d'approvisionnement énergétique, qui dépendent principalement du charbon et de la vapeur, augmentent de façon considérable. Des estimations récentes témoignent d'une croissance de 492% des échanges commerciaux en Belgique entre 1870 et 1914 comparée à une moyenne de 294% pour l'Europe.[2] Mais l'aspect frappant de ces changements réside davantage dans l'intensité du processus, dans l'extension de l'espace dans lequel ils se déroulent et dans la diversité avec laquelle ils se matérialisent. « Plus vite, plus haut, plus fort » aurait pu être le slogan de cette version accélérée du capitalisme. Il s'agit en réalité de la devise olympique – « *Citius, Altius, Fortius* » – proposée par Pierre de Coubertin lorsqu'il met sur pied le Comité International Olympique en 1894. Il n'est pas étonnant de constater que le mot « meilleur » ne figure pas dans ce slogan. Si le niveau de vie des classes ouvrières s'améliore comparativement à la situation catastrophique du début du dix-neuvième siècle, les fruits de la prospérité ne sont toujours pas équitablement répartis. Ils le sont d'autant moins si l'on considère la répartition de richesses dans une perspective internationale : le monde est alors divisé entre gagnants et perdants. Dans certaines régions, comme par exemple dans le bassin industriel de Liège en 1886, le déséquilibre social engendre des protestations et des émeutes sans précédent. Partout ailleurs dans le monde industrialisé, des syndicats et des partis politiques organisés commencent à représenter et à défendre les intérêts des travailleurs qui luttent pour une amélioration de leurs conditions de travail.

Le contexte politique présente également une analogie avec la réintroduction des Jeux Olympiques. En fait, il s'agit plutôt d'une analogie inversée. Alors que l'idéal olympique moderne repose sur le principe d'internationalisme, des sentiments diffus de nationalisme émergent au premier plan du paysage politique aussi bien en Europe qu'en dehors. Bien entendu, les mouvements nationalistes

[2] Guillaume Daudin, Matthias Morys, et Kevin H. O'Rourke, "Globalization, 1870–1914", dans S. Broadberry et K.H. O'Rourke (eds.), *The Cambridge Economy History of Modern Europe, Volume 2: 1870 to the Present*, Cambridge, Cambridge University Press, 2010, pp. 5–29 (ici p. 7).

ne sont pas nouveaux : les idéaux promouvant la formation d'États-nations indépendants remontent à l'ère révolutionnaire de la fin du dix-huitième siècle. Mais le *momentum* nationaliste qui se cristallise dans le dernier quart du dix-neuvième siècle est de source légèrement différente. Selon les nouveaux hérauts nationalistes, des valeurs ethniques et linguistiques communes permettent aux « nationalités » de devenir des « nations » indépendantes.[3] Une minorité de ces valeurs communes a sans doute existé, mais la majorité de ces caractéristiques standardisées sont le résultat d'une imagination créative inscrite dans le sillage de la longue tradition de la littérature romantique.[4] Quelles que soient les sources authentiques de la « question nationale », la libération du joug impérial est un sport en vogue dans l'Europe de la fin du dix-neuvième siècle. Malgré une popularité sans cesse croissante, le nationalisme ne sera pourtant jamais reconnu comme discipline officielle des Jeux Olympiques.

En tant que nouvelle entreprise en quête de stabilisation, il importe à Solvay & Cie de se conformer à ce monde en plein changement. De par la nature même de son produit phare, le carbonate de soude, il est impossible de considérer les contextes économique et politique comme des paramètres secondaires et éloignés, comme une information qui fait partie des considérations générales. Pour de nombreuses raisons, la géopolitique internationale et les relations économiques entrent en ligne de compte dans la stratégie de l'entreprise. La première raison, la plus évidente, tient au fait que la fabrication de carbonate de soude par le procédé Solvay nécessite des matières premières (du sel, de la chaux, de l'ammoniaque et du coke) qui proviennent de plusieurs sources. Parmi ces matériaux fondamentaux, le sel est de loin le plus important. L'usine de Couillet, qui n'est pas située à proximité d'un dépôt de sel, ne peut prétendre devenir l'implantation modèle de l'entreprise. Mais ce n'est pas tout. L'expansion internationale s'avère être une condition essentielle de la croissance de Solvay & Cie, voire de sa survie à long terme. Produit de consommation de masse plutôt que produit de niche, le

[3] Eric Hobsbawm, *Nations and Nationalism since 1780. Programme, Myth, Reality*, Cambridge, Cambridge University Press, 1990, pp. 101–103.

[4] Benedict Anderson, *Imagined Communities. Reflections on the Origin and Spread of Nationalism*, Londres, Verso, 1983, pp. 83–111.

Figure 3.2. Sacs de carbonate de sodium (soude) à l'usine italienne de Rosignano. (Archives Solvay)

carbonate de soude doit être produit et commercialisé à grande échelle. De plus, les possibilités offertes par le procédé Solvay en matière de réduction des coûts de production, représentent une fenêtre d'opportunité que l'on retrouve davantage au niveau international, même sur un marché extrêmement compétitif. Dés lors, de la rationalisation des capacités de production aux opportunités d'un marché mondial, une multitude de raisons incitent Solvay & Cie à faire face à ce qu'on pourrait appeler la nécessité d'une expansion internationale.

Pour autant, le développement d'une stratégie d'expansion ne va pas de soi. En l'occurrence, l'entreprise est immédiatement confrontée à trois défis majeurs. *Premièrement*, Solvay & Cie n'est qu'un nain industriel face à la domination des producteurs Leblanc, essentiellement concentrés en Grande-Bretagne. L'entreprise est soumise à une difficulté à laquelle tout nouveau concurrent est confronté. L'aspect favorable de cette situation est que l'on peut prendre le géant par surprise, ce que va faire Solvay & Cie aux dépens des Leblanc. *Deuxièmement*, l'entreprise doit surmonter ses propres limites financières. Si les entreprises familiales ont de nombreux avantages, un accès instantané à du capital supplémentaire n'en fait pas partie. Au même moment, pourtant, le paysage industriel est le témoin de l'émergence rapide des entreprises managériales soutenues par le marché boursier et les banques d'investissement – en particulier aux États-Unis – qui font étonnamment contraste avec les entreprises familiales. C'est le défi d'échelle. La *troisième* dimension est peut-être plus subtile mais n'en reste pas moins importante. Elle concerne l'inattendue « Grande Dépression » qui survient au début des années 1870 et qui est principalement due à la surproduction industrielle. Cette dépression affecte l'intégralité du marché international et ouvre la voie à une longue période de tarifs protectionnistes (jusqu'après la Seconde Guerre mondiale) qui entravent les industries exportatrices.[5] Cette conjoncture économique défavorable coïncide avec les premiers pas de Solvay & Cie dans la cour des grands. Cela ne l'empêche pas de surfer sur la vague de la mondialisation, dans la mesure où l'entreprise fabrique un produit moins cher que ses concurrents. Mais cela contribue à déstabiliser les flux commerciaux internationaux. C'est le défi du timing.

Nous savons à présent que Solvay & Cie a pu surmonter les obstacles dérivant de ces trois défis et est parvenue à se frayer un chemin à travers l'expansion internationale tout en maintenant intacte sa structure familiale. Ce que l'on ignore encore, c'est que les étapes successives qui vont mener à l'internationalisation ne sont pas linéaires. Qui plus est, l'élan expansionniste s'est décliné de multiples façons. Solvay & Cie ne déploie pas ses ailes à vitesse, force

[5] Hobsbawm, *Age of Empire*, pp. 38–39.

et intensité constantes, indépendamment des contraintes nationales ou locales. La représentation que l'on peut se faire d'une société multinationale dont les ramifications s'étendent comme une gigantesque toile sur toute la surface du globe est extrêmement trompeuse. Bien entendu, la course à l'expansion de Solvay & Cie commence à Bruxelles mais très rapidement Ernest et Alfred réalisent que leur entreprise doit s'ajuster aux différentes variétés du capitalisme. Bien souvent, cela revient à engager un combat sur les fronts croisés du commerce et de la politique, tous deux étant étroitement imbriqués.

Du côté commercial, la stratégie consiste à apprivoiser les concurrents plutôt qu'à les écraser. Ernest Solvay est on ne peut plus clair à ce sujet : « vouloir forcer les fabricants Leblanc à réduire trop vite leur fabrication, c'est les convier à monter eux-mêmes des soudières à l'ammoniaque. »[6] Selon le fondateur, la négociation est au centre de la stratégie commerciale de Solvay & Cie. Néanmoins, cette stratégie ne va pas pour autant dans le sens des concurrents. Elle consiste à pratiquer systématiquement des réductions de prix, qui seront adoptées tout au long du déclin du procédé Leblanc. Quant aux problèmes politiques, ils sont loin d'être négligeables. Très rapidement, les Solvay prennent la mesure de l'hostilité des réactions nationales (ou plutôt, nationalistes) envers les entrepreneurs étrangers. Il va sans dire qu'ils ne sont pas les seuls industriels affectés par les contraintes politiques de l'époque. Analysant le développement international du système électrique de Thomas Edison dans les années 1880, l'historien Thomas Hugues observe que les résultats du transfert technologique sont étonnamment différents d'un pays à l'autre. Il fait remarquer que « l'argument le plus convaincant pour expliquer l'échec à Londres et le succès à Berlin n'est pas d'ordre technologique ni économique ; il est d'ordre politique. »[7] D'une certaine manière, la compétition commerciale internationale s'apparente aux confrontations politiques entre les empires et États-nations. À l'instar des empires politiques,

[6] Archives Centrales Solvay (ACS), « La politique commerciale des frères Solvay », 28 juillet 1938, p. 2.

[7] Thomas P. Hughes, *Networks of Power. Electrification in Western Society, 1880–1930*, Baltimore, Johns Hopkins University Press, 1983, p. 77.

les empires industriels peuvent se transformer en composantes quasi nationales.

COMMENT DEVENIR FRANÇAIS (EN FRANCE) ET ALLEMAND (EN ALLEMAGNE)

Les relations entre Solvay et la France débutent assez tôt, avec l'importation de sel de Lorraine pour l'usine de Couillet. En fait, pendant tout un temps, l'histoire française des Solvay se résume à la Lorraine et au sel. En 1870, lorsque Solvay et ses associés cherchent un site pour créer une usine dans cette région française, la politique internationale s'immisce dans les affaires à la suite de l'éclatement de la guerre franco-prussienne. Rapidement, les provinces d'Alsace et de Lorraine sont occupées par les troupes prussiennes, qui atteignent Paris et marchent victorieusement sur la capitale et au-delà. Un armistice est signé le 28 janvier 1871. C'est un désastre pour le Second Empire qui perd l'Alsace, une partie de la Lorraine et devient la troisième République française à l'issue d'un épisode frôlant la guerre civile. C'est un triomphe pour le Royaume de Prusse qui donne alors naissance à l'Empire germanique sous l'impulsion de son nouveau chancelier, Otto von Bismarck. Un empire cède la place à un autre. Ce bouleversement géopolitique majeur a des conséquences mineures pour Solvay & Cie : la « partie salée » de la Lorraine qui intéresse les Solvay reste française à la fin de la guerre. Les autorités locales souhaitent attirer les investisseurs. L'entreprise belge est autorisée à acheter une parcelle de terrain dans la ville de Dombasle en octobre 1872. Une usine est érigée et sa première unité est mise en service en décembre 1874. En 1882, l'usine de Dombasle comprend sept unités qui disposent d'une capacité de production s'élevant à 210.000 tonnes de soude par an (un chiffre atteint en 1912). De manière assez surprenante, les performances de l'usine sont également visibles sur la balance commerciale du pays. À partir de 1883, la France devient exportatrice nette de carbonate de soude. La présence de Solvay & Cie sur ses terres fait la différence. Ce succès est largement dû aux efforts constants du directeur de l'usine, Prosper Hanrez, dont le rôle au sein du groupe Solvay est inestimable.

Comme on pouvait s'y attendre, l'entrée marquée et remarquée des frères Solvay sur le marché du carbonate de soude en France ne se déroule pas sans rivalité.[8] Les usines Leblanc ont envie d'en découdre avec le nouvel intrus ; tous les moyens sont bons. Les industriels français ne savent que trop bien que Solvay & Cie dépend considérablement de la production locale de sel. En 1877, les saliniers de Lorraine décident d'un commun accord d'augmenter leurs prix. Solvay & Cie réplique en achetant ses propres concessions de sel, se réservant ainsi un approvisionnement direct de sa principale matière première. À leur tour, les producteurs de sel tels que Marchéville-Daguin, le fournisseur traditionnel de Solvay & Cie, reprennent la direction des usines Leblanc. Les clients deviennent producteurs et les producteurs leurs propres clients – les rôles sont chamboulés. Les contentieux pleuvent ; ce qui n'était jusqu'alors qu'une rude compétition commerciale prend une tournure politique. En 1884, le conseiller général et membre de l'association des saliniers de France déclare au tribunal que « cette industrie (Solvay & Cie) n'est composée que d'étrangers, qui n'engagent que des étrangers et qui ne manquent pas une occasion de mettre à la porte les quelques travailleurs français actifs à l'usine ». L'avocat de Solvay & Cie réfute fermement cet argument : sur un millier de travailleurs, 821 sont français, 130 proviennent d'Alsace-Lorraine, et seulement 31 sont belges (des employés, pour la plupart). Ernest Solvay fulmine contre ces accusations xénophobes : « nous avons toujours agi (en France) comme des Français (. . .) nous continuerons de même. »[9] Après la Première Guerre mondiale, le gérant Edouard Hannon nuance le réel impact du nationalisme sur la stratégie commerciale de Solvay & Cie. Après tout, dit-il, « la xénophobie n'est qu'un mouvement de foule aveuglée et sans influence notable jusqu'ici, sauf en Chine » (il se réfère à la Révolte des Boxers en 1900). Dans l'ensemble, Hannon félicite l'action des « administrations publiques qui n'ont jamais été systématiquement hostiles à la Société, au contraire, car elles étaient plutôt conscientes du bien

[8] Cette section s'appuie sur Bertrams, Coupain, Homburg (2013), chapitre 2 et Philippe Mioche, « Solvay à Dombasle (1870–1914) », dans Pierre Lamard et Nicolas Stoskopf (eds.), *L'industrie chimique en question*, Paris, Picard, 2010, pp. 195–225.

[9] ACS, « La politique commerciale des frères Solvay », 28 juillet 1938, p. 7.

public du pays qu'une opinion publique sans responsabilité et simplement envieuse. »[10]

Dans leur volonté de marquer une distinction entre commerce et politique en France comme partout ailleurs, les Solvay accordent la priorité aux ententes industrielles sur les décisions de justice. De manière générale, une trêve intervient après que Solvay & Cie a minutieusement appliqué une politique de réduction des prix mettant à genoux ses concurrents les plus tenaces. Ainsi, dans le cadre du marché français, lorsque l'accord global est finalement conclu en 1896, Solvay & Cie atteint une position qui lui permet d'imposer ses conditions.

Les choses diffèrent en Allemagne. Comme nous l'avons rappelé, le climat politique est à l'euphorie après la guerre franco-prussienne. Mais beaucoup reste à accomplir afin d'aboutir à une intégration politique des multiples « États » allemands coexistant dans l'Empire allemand. Pour ce faire, Bismarck récupère le mouvement d'unification allemande à travers les perspectives commerciales dégagées par l'union douanière, le fameux *Zollverein*, dont le projet remonte au début des années 1830. La stratégie générale de Bismarck, résumée dans la formule ambiguë de « nationalisme impérialiste »,[11] consiste notamment en une industrialisation rapide. Malgré ses « effets secondaires » sociaux effroyables, cet évangile pour l'industrie lourde est une immense réussite. Entre 1880 et 1913, l'Empire allemand dépasse son éternel rival, l'Empire britannique, en termes d'exportations industrielles. Alors que la production de charbon quadruple en trente ans, la production d'acier décuple. Peu avant la Grande Guerre, les usines d'aciers allemandes produisent trois fois plus que leurs homologues britanniques.[12] Mais cette version anticipée du *Wirtschaftswunder* (miracle économique) allemand touche également les industries à vocation scientifique les plus innovatrices, telles que le génie chimique et électrique. Par

[10] ACS, Edouard Hannon, « La politique de Solvay & Cie », 31 oct. 1926, p. 3.

[11] Heinrich A. Winkler, *Der lange Weg nach Westen, Band 1. Deutsche Geschichte vom Ende des Alten Reiches bis zum Untergang der Weimarer Republik*, München, C.H. Beck, 2000, p. 217.

[12] Volker R. Berghahn, *Modern Germany. Society, Economy and Politics in the Twentieth Century*, Cambridge, Cambridge University Press, 1982, p. 1, 3, 260; Hobsbawm, *Age of Empire*, p. 47.

conséquent, l'Empire allemand vit deux révolutions industrielles pour le prix d'une.

Au vu de ces transformations sociales, économiques et politiques impressionnantes, les attentes d'Ernest Solvay en Allemagne sont certainement élevées.[13] La réalité, cependant, s'avère cruellement décevante. A rebours de la situation française et du cas britannique qui sera abordé dans la foulée, les obstacles initiaux ne proviennent pas de l'organisation des concurrents Leblanc. Ils sont issus d'une suite de contraintes bureaucratiques et administratives. L'intention première de Solvay & Cie d'établir une usine à Sarralbe, sur le territoire lorrain allemand, est officialisée en 1874. La situation traîne jusqu'en 1885. Entre-temps, une alternative se présente ; elle consiste à reprendre une soudière à Wyhlen, près de Bâle. Mais cette fois encore, six années (1874–1880) et une somme d'argent considérable sont nécessaires pour mettre l'usine sur pied. Le développement de Solvay & Cie en Allemagne semble être aussi fastidieux que la quête du Graal. Cependant, à la manière opéras contemporains de Richard Wagner, c'est sans compter le secours inopiné porté par une force extérieure. Solvay & Cie peut compter sur son Chevalier moderne. Contrairement à Perceval, il existe et s'appelle Carl Wessel (1842–1912). Dès que Wessel est engagé en 1880, la cadence du développement s'accélère. Peu après avoir choisi le site destiné à accueillir une nouvelle soudière en 1881, à Bernburg, le long de la Saale dans le Duché d'Anhalt, le permis de bâtir est délivré. La production commence en 1883 et atteint rapidement les deux-tiers de la capacité de production de Dombasle. Avec Bernburg qui fait des merveilles, la « question allemande » de Solvay & Cie est en passe d'être réglée.

En confiance à la suite de cet accomplissement au sein de l'Allemagne impériale, Solvay lorgne à présent l'empire voisin dominé par la monarchie des Habsbourg. L'empire multiculturel d'Autriche-Hongrie s'étend de la Bohême à la Transylvanie ; c'est un cocktail de diverses nationalités dont les aspirations à la souveraineté peuvent à peine être contenues via l'octroi d'une

[13] Sauf mention contraire, les informations concernant Solvay sont issues de Bertrams, Coupain, Homburg, *Solvay*, chapitre 2.

Figure 3.3. Ouvriers à l'usine de Bernburg, 1903. (Archives Solvay)

grande autonomie culturelle, religieuse et linguistique.[14] Du point de vue économique, cependant, le potentiel est énorme. Après que le procédé de la soude à l'ammoniaque eut été récompensé à l'Exposition Internationale de Vienne de 1873, on s'attend à ce que l'expansion de Solvay & Cie dans la « *Mitteleuropa* » soit une affaire de quelques mois. En fait, cela prendra plus de dix ans avant que le partenariat Solvay-Werke soit mis sur orbite avec la principale entreprise chimique d'Autriche-Hongrie, le Verein d'Aussig. Bien que sa capacité de production tarde à décoller, l'usine d'Ebensee construite en 1885 s'apprête à desservir un important marché de consommation en Europe du Sud-Est.

L'impressionnante percée industrielle de Solvay & Cie dans l'Empire allemand appelle un changement plus retentissant encore, qui touche toute la structure même du groupe Solvay. Avec des implantations à Bernburg, Wyhlen et Sarralbe, la performance atteinte et les capacités du réseau industriel de Solvay en Allemagne

[14] A.J.P. Taylor, *The Habsburg Monarchy, 1809–1918*, Chicago, The University of Chicago Press, 1948, pp. 156–169; Hobsbawm, *Nations and Nationalism*, pp. 99–100.

et en Autriche-Hongrie suscitent une discussion sur les questions d'organisation. Ainsi Carl Wessel suggère-t-il de créer une société anonyme qui engloberait les infrastructures de Solvay & Cie en Allemagne. Ces débats aboutissent, en 1885, à la naissance des Deutsche Solvay Werke (DSW), dont le capital est largement contrôlé par Solvay & Cie (84% environ). Parmi les actionnaires minoritaires, on retrouve un industriel d'origine allemande basé en Grande-Bretagne, Ludwig Mond, et un homme d'affaires anglais, John Brunner, qui possèdent chacun 2% des DSW. Leur apport en tant qu'actionnaires des DSW n'est qu'un infime écho du rôle influent qu'ils jouent dans le développement de Solvay & Cie en Europe et dans le monde entier à partir de la Grande-Bretagne.

PAR-DELÀ LA MANCHE

À la fin des années 1860, la nouvelle se répand parmi les experts chimistes qu'un procédé performant pour la fabrication de carbonate de soude a été conçu par un inventeur belge. Contrairement à Ernest Solvay lui-même au moment de sa « découverte », ces chimistes connaissent la réaction de base et les tentatives infructueuses successives de son industrialisation. Ludwig Mond (1839–1909) fait partie de ces experts. Étudiant en chimie formé dans plusieurs universités allemandes de renom, il commence sa carrière professionnelle à Cassel dans une soudière exploitant le procédé Leblanc. Il s'attelle alors à diverses recherches appliquées, ce qui l'amène à déposer un brevet en 1861 pour l'invention d'une nouvelle méthode en vue d'obtenir du soufre à partir de déchets de sulfure de calcium. Cela lui permet de voyager, notamment en Grande-Bretagne. Ce faisant, Mond marche dans les pas de nombre de ses talentueux compatriotes à la recherche d'une meilleure opportunité que celles qui sont alors offertes en Allemagne, que ce soit à l'université ou dans l'industrie. La Grande-Bretagne est ainsi inondée de chimistes allemands. August Wilhelm Hofmann avait été l'un des pionniers de cette communauté de spécialistes expatriés lorsqu'il avait été nommé directeur du Royal College of Chemistry à Londres en 1845.[15]

[15] Robert Bud et Gerrylynn K. Roberts, *Science versus Practice. Chemistry in Victorian Britain*, Manchester, Manchester University Press, 1984, pp. 53–75.

Il en va de même pour Heinrich Caro, qui réalise certaines de ses découvertes les plus innovantes dans l'industrie des colorants artificiels alors qu'il travaille dans une société basée à Manchester au début des années 1860. Pourtant, le vent est en train de tourner. Caro regagne l'Allemagne en 1866 et devient directeur de la recherche chez BASF quelques années plus tard.[16] Même Hofmann retourne dans son pays d'origine en 1865, d'abord comme professeur à l'Université de Bonn, et ensuite comme directeur du prestigieux département de chimie à l'Université Friedrich-Wilhelms de Berlin. Tous deux explorent les contours de l'industrie basée sur la science qui mènera à l'âge d'or de l'Empire allemand.[17]

Au lieu de retourner en Allemagne, Ludwig Mond décide de visiter la Belgique en 1872. Une fois sur place, il insiste pour obtenir une visite guidée du site de Couillet. Ernest Solvay finit par accepter, ce qui s'avère une judicieuse décision. Dire que l'entente de Mond et Solvay s'apparente à un « coup de foudre amical » relèverait du roman de gare. D'un autre côté, on ne peut nier que leur relation personnelle va bien au-delà des frontières traditionnellement assignées à la collaboration commerciale. Ils font partie de la même génération et partagent la même approche en matière d'innovation et d'entrepreneuriat. Solvay a beaucoup d'estime pour l'expertise chimique de Mond, lequel est fortement impressionné par la sagacité et la détermination d'Ernest. Cependant, il faut plus que de l'admiration mutuelle pour mettre sur pied leur entreprise. Le partenariat de Mond et Solvay repose également sur la conviction que la somme de leurs efforts mènera à un profit mutuel. Dans ce sens, le rôle de Mond ne se limite pas à son activité de promoteur de la technique Solvay. Ses conseils s'avèrent essentiels à plus d'un titre. C'est lui qui incite Solvay à faire breveter son procédé dans tous les pays où il compte s'étendre. C'est encore lui qui s'attache à améliorer constamment les différentes étapes techniques du procédé. Son obsession d'éviter le gaspillage de matières premières est résumée dans une phrase qui fait le tour des sites

[16] Wolfgang von Hippel, "Becoming a Global Corporation – BASF between 1865 and 1900", dans Werner Abelshauser, Wolfgang von Hippel, Jeffrey A. Johnson, and Raymond G. Stokes, *German Industry and Global Enterprise. BASF: the History of a Company*, Cambridge, Cambridge University Press, 2004, pp. 23–26.

[17] Bensaude-Vincent et Stengers, *Histoire de la chimie*, pp. 234–239.

industriels : « si vous sentez l'odeur de l'ammoniaque, c'est que vous gaspillez de l'ammoniaque. »[18]

Développer le procédé du carbonate de soude à l'ammoniaque en Grande-Bretagne – le terrain par excellence du procédé Leblanc – nécessite une stratégie éprouvée. Diverses options de partenariat commercial sont considérées qui impliquent notamment l'associé commanditaire de Solvay & Cie, Eudore Pirmez. Au final, les décisions se résument à une formule plutôt simple : une entreprise séparée basée en Grande-Bretagne se voit octroyer des droits de licence avantageux pour la production de soude utilisant le procédé Solvay. Concrètement, pour chaque tonne de carbonate de soude produite par Ludwig Mond et son associé, John Brunner, une redevance fixe de 8 shillings est directement versée à Solvay & Cie. Brunner, Mond Co. voit le jour en février 1873 et une première usine est construite à Northwich l'année suivante. Les industriels Leblanc ont peut-être considéré l'arrivée de ce concurrent isolé avec la condescendance qui sied à ceux qui se sentent invincibles. Mais moins de sept ans plus tard, la suffisance a cédé à l'anxiété. En 1881, Brunner, Mond Co. devient une société en commandite avec une énorme augmentation de capital et décide de transférer un cinquième de ses actions à Solvay & Cie. En échange, l'entreprise belge s'engage à abolir la redevance ainsi que d'autres prétentions technologiques et commerciales sur le territoire britannique. Brunner, Mond Co. est à présent bien équipé pour entamer la poche de résistance des concurrents Leblanc qui, dans un dernier baroud d'honneur, forment une coalition pour défendre leurs intérêts particuliers.[19] La guerre dure jusqu'en 1926 lorsque, non sans ironie, Brunner, Mond fusionne avec ce qui reste de l'industrie Leblanc et d'autres importantes compagnies chimiques pour constituer le tout-puissant chimiste britannique, l'Imperial Chemical Industries (ICI). Entre temps, Brunner, Mond a acheté plusieurs usines créées par d'autres: Sandbach (1881), Middlewich (1897), Middlesbrough (1900), Lostock Graham (1907) et Plumbey (1916). Toutes ces soudières sont situées

[18] Cité dans W.F. Glasscock, *The Commercial History of the Ammonia-Soda Process*, 1969, p. 13.

[19] Landes, *L'Europe technicienne*, p. 247, 273.

Tableau 3.1. Production annuelle moyenne de carbonate de soude en Europe (en tonnes)[20]

Années	Leblanc	Procédé à l'ammoniaque (Solvay)
1864–1868	375.000	300
1874–1878	525.000	20.000
1884–1888	515.000	285.000
1894–1898	570.000	680.000
1899–1900	600.000	900.000
1913	125.000	1.860.000

dans le Cheshire du fait de la concentration de dépôts de sel gemme dans cette région du nord-ouest de l'Angleterre.

Mieux de que des mots, le tableau 3.1 montre que la lutte de Ludwig Mond au cœur de l'industrie Leblanc est essentielle pour inverser la tendance entre les deux procédés, non seulement en Grande-Bretagne mais aussi dans toute l'Europe. Cette bataille précipite l'extinction d'une industrie jadis prolifique. Comme le dit Ernest Solvay lui-même en 1903, « né avec le siècle, [le procédé Leblanc] se meurt avec le siècle, en tant que fabricant de carbonate. »[21]

L'EUROPE NE SUFFIT PAS

Brunner, Mond n'attend pas d'obtenir son étiquette « impériale » avec ICI en 1926 pour commencer une expansion à l'échelle mondiale, en dépit du fait que les arrangements de cette expansion sont toujours négociés avec Solvay & Cie.[22] Parmi les destinations d'exportation privilégiées de Brunner, Mond, on retrouve les États-Unis, un pays où il n'existe étonnamment aucune entreprise de soude. À partir du début des années 1880, motivé par un sentiment de patriotisme doublé d'un intérêt commercial, un ingénieur des mines américain, William B. Cogswell (1834–1921) conteste

[20] Glasscock, 8.

[21] Solvay, « Coup dœil rétrospectif », p. 600.

[22] Cette section s'appuie essentiellement sur à Bertrams, Coupain, Homburg, *Solvay*, chapitre 2.

cette suprématie britannique. Après de longues tractations entre Cogswell et les représentants de Solvay & Cie, la Solvay Process Company (SPC) est portée sur les fonts baptismaux en octobre 1881, la société belge possédant la moitié des actions. La toute première usine de production de carbonate de soude aux États-Unis se trouve près de Syracuse dans l' État de New York, dans un village qui portera le nom de Solvay. La production débute en 1884 et prospère rapidement. D'un autre côté, la croissance à long terme de la SPC va lentement mais sûrement s'éroder du fait de maladresses technologiques qui précipitent l'arrivée de concurrents. Si, à la fin des années 1880 et au début des années 1890, les actionnaires européens n'ont pas à se plaindre de la bonne performance de SPC dans une économie en développement rapide, la situation est sur le point de changer. La confiance entre les deux compagnies, qui repose sur de fortes relations interpersonnelles, est mise à rude épreuve.

L'épopée américaine de Solvay révèle également que le capitalisme industriel n'est « désormais plus eurocentrique ».[23] Des contrées éloignées du globe sont soudainement accessibles. Parmi celles-ci, l'Empire russe, le plus grand pays du monde, devient, à n'en pas douter, un marché émergent avec lequel il faut compter. Bien sûr, l'instabilité politique entrave son développement économique du pays. En 1881, le Tzar Alexandre II ne survit pas à l'un des multiples complots d'assassinat dont il fait l'objet. Son fils, Alexandre III, manifestement moins libéral que son père, lui succède. Le terrorisme, comme on l'appelle déjà à l'époque, n'est pas propre à la Russie. Il suffit de rappeler que le vingtième président des États-Unis, James A. Garfield, est assassiné à peine quatre mois après son investiture en mars 1881. Il en va de même pour le président français en exercice, Sadi Carnot, assassiné par un anarchiste italien à Lyon en juin 1894. Néanmoins, dans l'ensemble, l'instabilité n'empêche pas les investisseurs de poursuivre leurs activités à la périphérie des centres industriels. Les investissements en capital à l'étranger grimpent en flèche. Ils passent d'une valeur nominale de 9 milliards de dollars en 1870 à 44 milliards de dollars en 1913, la plupart

[23] Hobsbawm, *Age of Empire*, p. 51.

Figure 3.4. Dirigeants de Solvay & Cie et de Brunner, Mond & Co en visite à l'usine de Syracuse, New York (USA) vers 1897. Le groupe pose au pied du « Castle », siège administratif de la Solvay Process Co installé au cœur de l'usine. De gauche à droite : Henry R. Cooper, John Wing, J.W. Smith, Frederick Hazard, (bas) Nathaniel T. Bacon, (haut) Ernest Solvay, (bas) Jack Brunner, (haut) Edmond Solvay, (bas) Fernand van der Straeten, (haut) Rowland Hazard (père), (bas) Édouard Hannon, (haut) Rowland Hazard (fils), Edward Trump, William Cogswell. (Archives Solvay)

étant d'origine britannique et française.[24] Une partie croissante de ce transfert de capitaux ne concerne pas simplement les prêts et les actions, mais représente ce que l'on appelle « les investissements directs à l'étranger », qui se concentrent sur la production industrielle. Alors que la Grande-Bretagne investit massivement dans son

[24] Paul Bairoch, *Commerce extérieur et développement économique de l'Europe au 19ème siècle*, Paris, Mouton-EHESS, 1976, pp. 99–104 ; Youssef Cassis, *Big Business. The European Experience in the Twentieth Century*, Oxford, Oxford University Press, 1997, pp. 13–14.

propre empire et aux États-Unis, les capitaux français favorisent les marchés émergents en Amérique Latine, dans l'Empire ottoman, et surtout, dans l'Empire russe, qui représentent un quart de l'investissement français direct à l'étranger.[25]

À l'époque, les investissements belges directs à l'étranger augmentent, eux aussi, considérablement. Les industries belges des mines, des chemins de fer et de l'acier, s'étendent vers la Russie, la Chine et l' État Indépendant du Congo (qui est la propriété privée du roi Léopold II jusqu'à sa reprise par l'État belge en 1908). Peu de temps après avoir développé le tramway électrique en Russie, en Espagne et en Egypte, l'industriel Edouard Empain conçoit et construit un réseau souterrain à Paris, qui est inauguré pour l'Exposition Universelle de 1900.[26] En Russie, la situation est telle que l'on parle d'une « croisade belge des capitaux ». La circulation d'argent, d'ingénieurs et de technologie est particulièrement dense dans les régions de Baku et du Bassin du Donets.[27] Une fois encore, l'aventure russe de Solvay & Cie n'est pas due à l'initiative d'un investisseur belge ; elle est issue de l'obstination d'un industriel local, Ivan Lubimoff, qui cherche et trouve un partenariat avec l'entreprise belge. Lubimoff & Cie est créée en 1881, la même année que SPC. Une usine est laborieusement construite à Berezniki, dans l'Oural, en 1883. Les débuts difficiles et la gestion douteuse de Lubimoff incitent les Solvay à s'engager dans l'affaire plus activement qu'ils ne l'auraient pensé. La société russe devient en 1887 Lubimoff, Solvay & Cie, et inclut des partenaires externes minoritaires. Une autre usine est construite à Lissitchansk, dans le Bassin du Donets en 1891. Contrairement à Berezniki, le site implique la participation directe de la direction supérieure de Solvay & Cie (Alfred Solvay et Edouard Hannon) mais la gestion exécutive est confiée à un entrepreneur russe prometteur, Vladimir Orloff.[28] À l'instar de Carl Wessel

[25] Berger, *Notre première mondialisation*, pp. 27–28.

[26] Anne-Myriam Dutrieue, « Edouard Empain », dans Kurgan, Jaumain, Montens (éds.), *Dictionnaire des patrons*, pp. 266–268.

[27] Ginette Kurgan-van Hentenryk, « Banques et entreprises », dans Hervé Hasquin (ed.), *La Wallonie, le pays et les hommes* (Tome II), Bruxelles, Renaissance du Livre, 1975, pp. 40–43.

[28] Michel Accarain, *La société Lubimoff, Solvay & Cie, par Wladimir Orlow*, Louvain-la-Neuve, Presses Universitaires de Louvain, 2002, pp. 73–79.

aux Deutsche Solvay Werke, Orloff est une recrue remarquable qui va conduire Lubimoff, Solvay & Cie sur la route du succès.

UNE HÉGÉMONIE À PLUSIEURS NIVEAUX

Il convient d'insister sur le fait que la stratégie de Solvay & Cie eu égard à son expansion internationale n'est ni uniforme ni linéaire. Elle possède ses propres établissements en Belgique et en France, ainsi qu'en Espagne en Italie après 1900. Ailleurs, elle dépend d'un large réseau de compagnies affiliées, qu'elle contrôle soit complètement (DSW), soit comme actionnaire majoritaire (SPC), soit avec des associés plus ou moins égaux (Lubimoff, Solvay & Cie, Solvay-Verein et, dans une moindre mesure, Brunner, Mond). Cette structure complexe est déterminée par la nature du marché étranger, le montant de l'investissement en jeu, le timing et les négociations. Le « système transnational Solvay » repose sur un échange mutuel de savoir-faire technologique, une division des parts de marché entre partenaires à l'échelle mondiale et une propension à cadenasser toute compétition indésirable à travers un large spectre d'ententes nationales et transnationales. D'un point de vue organisationnel, Solvay établit un modèle de gouvernance basé sur une forte centralisation de décisions stratégiques couplé avec une décentralisation de la gestion opérationnelle. Pour des raisons commerciales et politiques, l'érection d'usines nationales l'emporte sur un régime basé uniquement sur l'exportation.[29] Au final, Solvay & Cie construit son empire industriel sur les principes d'une hégémonie à plusieurs niveaux: sa puissance mondiale repose sur l'interconnexion étroite de composantes locales et sur de remarquables acteurs intermédiaires (Mond, Wessel, Cogswell, Orloff, . . .). Comme tout empire multinational, la société tente d'atteindre le bon équilibre entre la main souple du fédéralisme et la main ferme de la centralisation.

Ce mélange original aboutit à une performance remarquable. À l'aube de la Première Guerre mondiale, alors qu'il célèbre son cinquantième anniversaire, le groupe Solvay dépasse les objectifs qu'il s'était fixés. En 1913, Solvay & Cie et ses filiales représentent le

[29] ACS, « La politique commerciale des frères Solvay », 28 juillet 1938, pp. 6–7.

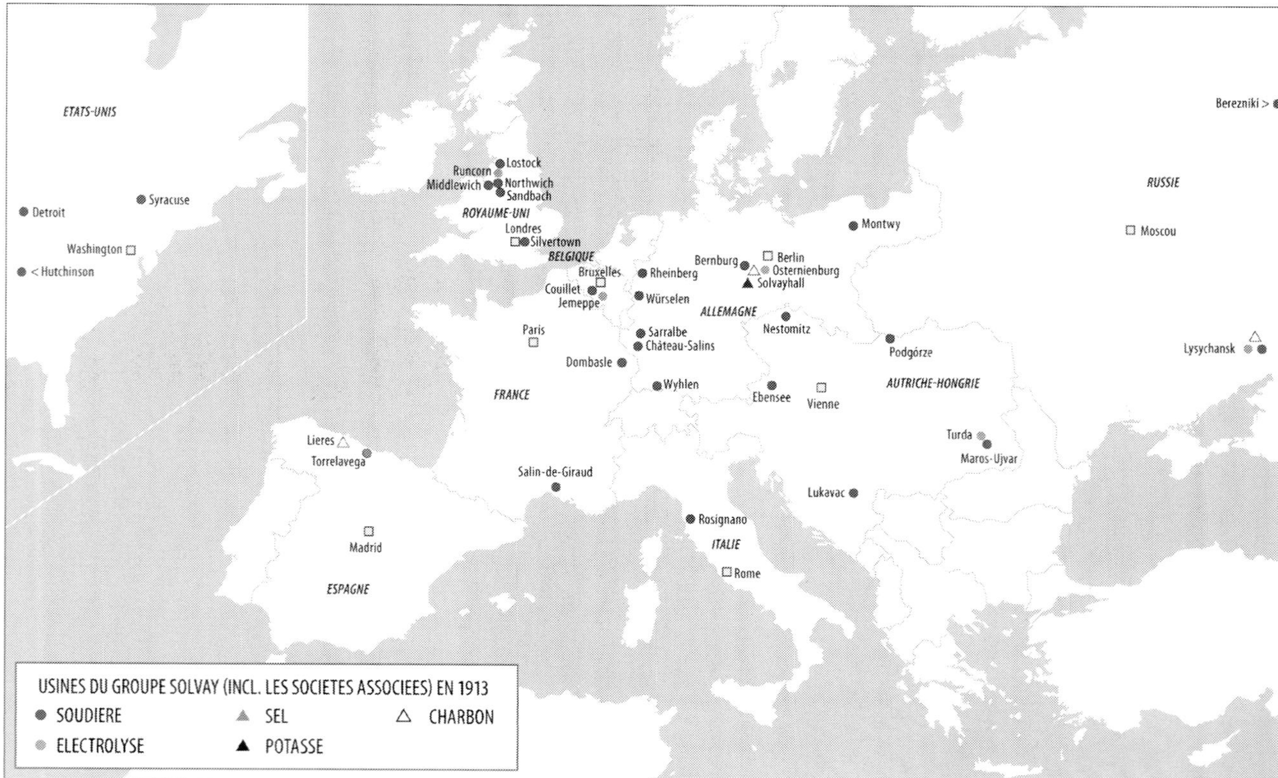

Figure 3.5. Carte des usines Solvay en 1913 (incluant les filiales et sociétés associées).

plus grand groupe commercial chimique du monde. Son réseau de trente-deux implantations produit 1,9 millions de tonnes d'alcali et emploie 25.000 personnes. Comme l'écrit Nicolas Coupain, « l'histoire de ce premier demi-siècle d'existence est donc celle de l'immense succès d'une entreprise qui parvint à exploiter à l'échelon international une double opportunité technique et commerciale. »[30] Qui pouvait alors imaginer que la dynamique sur laquelle cette expansion mondiale avait été fondée menaçait d'imploser et de provoquer un cataclysme majeur ?

[30] Bertrams, Coupain, Homburg, *Solvay*, p. 143.

Figure 4.1. Soldats britanniques creusant une tranchée, équipés de masques à gaz afin de se prémunir des fumées de combat. Les gaz de combat sont utilisés pour la première fois par les Allemands à Ypres le 22 avril 1915. (© Illustrated London News Ltd / Mary Evans Picture Library)

4

La Première Guerre mondiale et l'effondrement de l'ordre international

– À l'automne 1919, au moment où j'écris ces lignes, nous sommes à la morte-saison de notre destin. L'effet produit par les efforts, les peurs, les souffrances des cinq dernières années est à son maximum. Notre capacité d'attention et de sympathie est momentanément éclipsée pour tout ce qui ne touche pas à notre bien-être matériel immédiat. Les plus grands événements, tant que nous n'y sommes pas confrontés directement, et les prévisions les plus terribles ne peuvent nous émouvoir.

John Maynard Keynes[1]

UNE PLONGÉE DANS LES TÉNÈBRES

Le 12 février 2012, on apprit le décès de Florence Beatrice Green. En plus d'être l'une des personnes les plus âgées du Royaume-Uni, du haut de ses 110 printemps, elle était la dernière ancienne combattante connue de la Première Guerre mondiale. Elle avait brièvement servi au sein de la *Women's Royal Air Force* comme hôtesse en septembre 1918.[2] Avec la mort du dernier témoin direct de la Première Guerre mondiale, le lien physique avec ce massacre semble irrémédiablement perdu. Ce qui restera, c'est le souvenir traumatique d'une catastrophe sans précédent et l'héritage de ce que l'on désigne aujourd'hui encore comme la « Grande Guerre ». Pourtant, dans quelle mesure pouvons-nous encore nous représenter l'ampleur

[1] John Maynard Keynes, *Les conséquences économiques de la paix*, Paris, Gallimard, trad. David Todd, 2002 (v.o. 1920), p. 282.
[2] *The Guardian*, 12 février 2012.

du drame ? La Première Guerre mondiale a fait de l'Europe le plus grand cimetière du monde. La France a perdu un cinquième de ses hommes en âge d'être enrôlés dans l'armée, la Grande-Bretagne ne vit jamais revenir un demi-million de ses soldats de moins de trente ans, l'Empire russe recensa environ deux millions de morts, l'Empire allemand et l'Autriche-Hongrie perdirent respectivement deux millions et plus d'un million de combattants. Ces statistiques morbides ne concernent que les victime militaires – le nombre de pertes civiles, principalement dues à la malnutrition et aux maladies, atteint quant à lui des records jamais égalés.[3]

En ce sens, la caractéristique la plus révélatrice du conflit est qu'elle fait figure de « guerre totale », incarnant la première guerre véritablement *mondiale*, s'étendant bien au-delà du territoire impérial européen.[4] Bien que souvent décrit, non sans fondement, comme une guerre civile européenne, le conflit implique toutes les grandes puissances. Le système de sécurité d'avant-guerre basé sur des alliances mutuellement solidaires a établi un ordre mondial simpliste divisé en deux blocs militaires adverses – les forces de l'Entente et les Empires centraux – tempéré par des pays neutres. La Triple Entente, ou les Alliés, sont composés de la Grande-Bretagne, de la France et de la Russie; ils s'opposent à l'Allemagne, l'Autriche-Hongrie et l'Italie, qui forment la Triplice. Après un temps d'indécision, l'Italie rejoindra finalement les Alliés. Tous les autres pays sont initialement neutres. Seul deux d'entre eux renoncent à la neutralité et se joignent aux Alliés (la Roumanie en 1916 et les États-Unis en 1917).

Pour le groupe multinational Solvay, le déclenchement de la guerre a des conséquences dramatiques évidentes. Le siège social de l'entreprise se trouve en Belgique, dont la neutralité est violée et dont la plupart du territoire tombe sous occupation allemande. La société possède des usines dans l'un des pays fondateurs de l'Entente (France), dans un ancien pays de la Triplice (Italie), ainsi que dans un pays neutre (Espagne). Mais il y a pire : ses filiales étrangères

[3] Niall Ferguson, *The Pity of War*, Londres, Penguin, 1998, pp. 293–295.

[4] Eric Hobsbawm, *Age of Extremes. The Short Twentieth Century, 1914–1991*, Londres, Abacus, 1994, pp. 23–24.

sont directement aux prises les unes avec les autres. Deutsche Solvay Werke et Solvay-Werke en Autriche-Hongrie sont engagés d'un côté ; Brunner, Mond Co., Lubimoff, Solvay & Cie, et Solvay Process Company leur font face. Le groupe Solvay est littéralement pris dans l'engrenage d'un conflit international.

Cette guerre est un mélange d'anciennes et de nouvelles méthodes. La nature du combat dépend de la zone dans laquelle ont lieu les opérations : dans les territoires exigus du front de l'Ouest, c'est le système des tranchées qui prédomine. Dans les espaces vastes et diversifiés du front de l'Est, c'est une forme de combat plus mobile qui prévaut. Des techniques de guerre relativement récentes font leur apparition sur le champ de bataille comme les véhicules armés (les tanks), les mitrailleuses et, la plus controversée de toutes, les gaz de combat. L'utilisation d'armes chimiques durant la guerre, bien qu'elle se soit finalement avérée marginale et inefficace, a suscité de vastes débats au sein des cercles militaires, politiques et scientifiques.[5] Et si la Première Guerre mondiale est volontiers représentée comme la « guerre des chimistes », les armes conventionnelles l'emportent largement sur les nouvelles technologies. La plupart des combattants tués le sont par des tirs d'artillerie lourde ou par des armes de combat de petit calibre et non par des armes chimiques. De même, le nombre de tanks est bien négligeable par rapport aux millions de chevaux et mulets utilisés (et tués) pour le transport de troupes et de matériel.[6] Tout ceci ne va pas sans générer une atmosphère de désolation qui instille le désespoir parmi les survivants. Comme le note non sans lyrisme l'économiste John Maynard Keynes : « Celui qui visitait le saillant [d'Ypres] au début de novembre 1918, alors que quelques cadavres allemands ajoutaient encore une teinte de réalisme et d'horreur, alors que la grande lutte n'était pas encore terminée, celui-là pouvait ressentir l'indignation profonde qui règne à présent contre la guerre, et en même temps

[5] Jeffrey Allan Johnson, "The Power of Synthesis (1900–1925)", dans Abelshauser *et al.*, *BASF*, p. 165; Roy Mac Leod, "The Chemists go to War: The Mobilization of Civilian Chemists and the British War Effort, 1914–1918", *Annals of Science*, 50 (5), 1993, pp. 455–481.

[6] David Edgerton, *The Shock of the Old. Technology and Global History since 1900*, Oxford, Oxford University Press, 2007, pp. 34–35, 143.

une impression tragique de purification, qui à l'avenir en atténuera l'âpreté. »[7]

« JAMAIS DANS L'HISTOIRE DES CONFLITS, TANT DE GENS N'ONT DÛ AUTANT À SI PEU »

S'il ne fait guère de doute que la part sombre de l'humanité a prédominé durant ces années, quelques exceptions ont tenté de rétablir l'équilibre. La célèbre phrase de Winston Churchill prononcée en août 1940 – « jamais dans l'histoire des conflits, tant de gens n'ont dû autant à si peu » (*never was so much owed by so many to so few*) – illustre à merveille un épisode particulier de la Première Guerre mondiale. Il concerne une opération humanitaire à grande échelle qui s'est principalement déroulée en Belgique et dont les liens avec Solvay, la famille comme l'entreprise, se révèleront d'eux-mêmes au lecteur. Rappelons une fois encore que la Belgique, dont la neutralité avait été garantie par des traités internationaux en 1831 et 1839, est envahie par les troupes allemandes le 4 août 1914. Après une résistance inattendue à Liège, les forces allemandes dévastent le pays en recourant à la violence à l'encontre des civils qui sera plus tard récupérée comme argument par la propagande alliée et la contre-propagande allemande.[8] Lorsque, dans un second temps, la guerre s'enlise, la Belgique devient un laboratoire de l'occupation étrangère. Pour les citoyens belges qui n'ont pas fui, la priorité est d'empêcher le pays de devenir le théâtre d'une famine de masse. Le pays ne produit qu'un sixième de la nourriture qu'il consomme et les stocks de blé, de sucre et de riz ne couvrent que deux ou trois semaines au maximum. Des initiatives sont prises pour remédier à cette situation ; elles émanent essentiellement de deux industriels, Ernest Solvay et Dannie Heineman, lesquels agissent en étroite collaboration avec le bourgmestre de Bruxelles, Adolphe Max. Ingénieur américain diplômé de la Technische Hochschule d'Hanovre, Heineman (1872–1962) est à la tête du holding électrique international

[7] Keynes, *Conséquences économiques*, p. 127 (n.1).
[8] John Horne et Alan Kramer, *German Atrocities, 1914: a History of Denial*, Hew Haven, Yale University Press, 2001.

Sofina et une étoile montante dans les milieux d'affaires. À travers leurs réseaux respectifs, Solvay et Heineman parviennent à mettre sur pied un comité qui a pour objectif de coordonner l'approvisionnement aux Bruxellois en nourriture et produits de première nécessité. En quelques semaines à peine, la demande excède l'offre et il est décidé d'étendre l'organisation à tout le territoire belge. Le Comité National de Secours et d'Alimentation est créé dans ces circonstances à la mi-septembre 1914.[9] Son président honoraire est Ernest Solvay et le chef du comité exécutif est Emile Francqui (1863–1935), un financier et négociateur redoutable, directeur de la plus grande puissance financière du pays, la Société Générale de Belgique. Ernest Solvay n'est pas le seul membre de sa famille impliqué dans le Comité National. Il y est rapidement rejoint par son petit-fils par alliance, Emmanuel Janssen (1879–1954), qui avait été nommé Secrétaire Général de Solvay & Cie peu avant la guerre. Janssen a la haute main sur le département des Secours du Comité National. À ce titre, il se retrouve en première ligne dans les négociations avec les autorités allemandes. Le fils d'Alfred Solvay, Louis, joue également un rôle dans le Comité National, tout comme d'autres employés de l'administration de Solvay & Cie.

Le Comité National prend une tournure internationale le 19 octobre 1914. À cette date, Francqui se rend à Londres pour convaincre l'administration britannique de fournir des denrées alimentaires à la Belgique. Il y fait la rencontre d'une ancienne connaissance, l'américain Herbert Hoover (1874–1964). Moins de quinze ans plus tard, le 4 mars 1929, ce grand et charismatique ingénieur prêtera serment en tant que trente-et-unième président des États-Unis. En octobre 1914, Hoover, qui est un consultant industriel ayant fait fortune dans les affaires minières, s'implique dans le rapatriement des citoyens américains bloqués sur le continent européen. Francqui ne tarde pas à convaincre celui qui avait été son concurrent en Chine à prendre part au programme d'aide. Hoover y voit la possibilité de mettre à profit l'expérience humanitaire qu'il a récemment acquise. Les Belges, quant à eux, sont désespérément à la

[9] Liane Ranieri, *Dannie Heineman. Un destin singulier, 1872–1962*, Bruxelles, Racine, 2005, pp. 79–84.

Figure 4.2. Le Comité National de Secours et d'Alimentation en séance. Cette organisation privée présidée par Ernest Solvay fait figure de « second gouvernement belge » durant la Première Guerre mondiale. Elle organise le ravitaillement de la population durement éprouvée par le conflit et l'occupation. (Peinture d'Henri Lemaire)

recherche d'un agent de liaison américain dont la neutralité officielle est susceptible de garantir le transport maritime de la nourriture et des biens. C'est dans ce contexte d'urgence que le Committee for Relief in Belgium prend forme en Belgique.[10] En dépit des rivalités épisodiques, le Comité National de Francqui et le Committee for Relief d'Hoover parviennent à mettre en place, avec le soutien efficace de deux autres puissances neutres (l'Espagne et les Pays-Bas), ce qui est probablement l'une des premières opérations humanitaires à grande échelle de l'histoire. L'approvisionnent en nourriture, financé par des fonds tant publics que privés, a véritablement sauvé de la famine et de la malnutrition la population belge et un nombre considérable d'habitants du nord de la France. D'un autre côté, la portée des activités du Comité est également politique, dans la mesure où son rayon d'action s'étend bien au-delà du fonctionnement des organisations humanitaires actuelles. En remplissant une

[10] George Nash, *The Life of Herbert Hoover, vol. 2: The Humanitarian, 1914–1917*, New York-Londres, Norton Company, 1988, pp. 26–29.

mission d'intérêt public, le Comité National devient progressivement une sorte de « deuxième gouvernement » qui, inéluctablement, finit par s'attirer les foudres des autorités allemandes. Enfin, il convient également de signaler que l'héritage de l'opération est aussi important qu'original. Lorsque la guerre se termine, Francqui et Hoover décident de consacrer le reliquat des fonds des deux Comités à la construction d'infrastructures de recherche scientifique dans les universités belges et à la création de fondations consacrées à la science et aux échanges universitaires.[11] Ce legs exceptionnel préfigure d'ailleurs plusieurs autres initiatives philanthropiques visant à promouvoir la recherche dans les universités. Entre 1922 et 1924, les successeurs d'Ernest Solvay sont aux avant-postes du mouvement en faisant don à l'Université Libre de Bruxelles de quelques 6 millions de francs belges.[12]

L'ORGANISATION DE LA MOBILISATION ÉCONOMIQUE

Malgré les quelques voix qui se sont élevées en terrain neutre, l'antagonisme suscité par la guerre a brisé les valeurs d'avant-guerre du socialisme, du libéralisme, du pacifisme, lesquels, chacun à leur manière, se fondaient sur un engagement commun pour l'établissement d'un ordre mondial international. Contre-feu relativement efficace à la montée des mouvements nationalistes avant 1914, l'internationalisme est certainement l'une des premières victimes de la guerre. Son effacement fait désormais place au déferlement des sentiments nationalistes et patriotiques. Sur les plans politique, militaire, et économique, cela contribue à légitimer l'avènement d'un État puissant et élargi. De nouveaux ministères, de nouvelles bureaucraties et autres agences publiques, qui emploient un nombre sans cesse croissant de fonctionnaires, émergent soudain dans le paysage administratif des pays en conflit. Naturellement, les

[11] Kenneth Bertrams, « De l'action humanitaire à la recherche scientifique : Belgique, 1914–1930 », dans Ludovic Tournès (éd.), *L'argent de l'influence. Les fondations américaines et leurs réseaux européens*, Paris, Autrement, 2010, pp. 43–61.

[12] Andrée Despy-Meyer et Valérie Montens, « Le mécénat des frères Ernest et Alfred Solvay », dans Despy-Meyer et Devriese (éds.), *Ernest Solvay et son temps*, pp. 243–244.

industriels sont invités à se joindre à l'effort de guerre mené par les pouvoirs publics, ce qui débouchera sur des formes originales de partenariat entre l'État et les milieux d'affaires. Ce régime hybride constituera la matrice organisationnelle de l'économie de guerre. Ses principaux initiateurs sont alors des hommes d'État dotés d'un grand dynamisme mais que tout ou presque sépare : le socialiste Albert Thomas et le conservateur Georges Clémenceau en France, le leader libéral David Lloyd George en Grande-Bretagne, le financier Bernard Baruch aux États-Unis ou encore l'industriel Walther Rathenau en Allemagne.[13]

Du point de vue des affaires, l'économie de guerre a produit des résultats mitigés. D'un côté, la perte des marchés, l'enrôlement d'une part importante de la main-d'œuvre, la pénurie de matières premières et les nombreuses contraintes militaires entravent non seulement le développement industriel mais également le bon fonctionnement de l'économie. Inversement, de nombreuses entreprises ont pu s'affranchir des obstacles et s'en sortent plutôt bien, particulièrement les grands groupes. Sous l'effet combiné des largesses de l'État, de la mobilisation industrielle et des objectifs patriotiques tous azimuts, le concessionnaire automobile français Renault devient la plus grosse firme du pays avec un personnel grimpant de 4.400 ouvriers en 1914 à 22.000 en 1918. Aux États-Unis, l'entreprise chimique Du Pont devient, au sortir de la guerre, l'une des entreprises les plus rentables du monde. Son chiffre d'affaires pour l'année 1916 dépasse les résultats cumulés des années 1902 à 1914.[14] Les législations nationales favorisent le glissement de concentrations économiques à l'organisation de véritables consortiums et cartels industriels. En Allemagne, le dirigeant de l'entreprise pharmaceutique Bayer, Carl Duisberg, encourage la création d'une

[13] Gerd Hardach, "Industrial Mobilization in 1914–1918: Production, Planning, and Ideology", dans Patrick Fridenson (ed.), *The French Home Front, 1914–1918*, Providence-Oxford, Berg Publishers, 1992, p. 65; Gerald Feldman, *Army, Industry, and Labor in Germany, 1914–1918*, Princeton, Princeton University Press, 1966, pp. 46–51.

[14] Richard Vinen, *A History in Fragments. Europe in the Twentieth Century*, Londres, Little Brown, 2000, pp. 52–53; Patrick Fridenson, *Histoire des usines Renault, vol. 1*, Paris, Seuil, 1972; David A. Hounshell et John K. Smith, *Science and Corporate Strategy: Du Pont R&D, 1902–1980*, Cambridge, Cambridge University Press, 1988, p. 76.

association industrielle regroupant des entreprises chimiques qui servira de tremplin à l'établissement du conglomérat I.G. Farben dans les années 1920. Sous l'impulsion du groupe sidérurgique Thyssen, un procédé similaire de mutualisation des bénéfices est instauré dans l'industrie de l'acier en 1915. Il conduira dix ans plus tard a l'élaboration des Vereinigte Stahlwerke (Aciéries Unies).[15] Dans l'ensemble, l'expérience de la Première Guerre mondiale s'est avérée décisive dans la structuration des grandes entreprises.

AU CŒUR DE L'ÉCONOMIE DE GUERRE

Comment se porte l'activité industrielle de Solvay & Cie dans cet environnement ?[16] Premièrement, il importe de souligner que le déclenchement de la guerre et l'occupation de la Belgique représentent un sérieux défi pour le système de gestion plutôt centralisé de l'entreprise. Les réactions sont immédiates : alors que le fils aîné d'Ernest, Armand, s'installe à Biarritz afin de prendre en charge une partie de l'organisation mondiale du groupe, la section communication de l'entreprise est transférée de Bruxelles à Rotterdam, en territoire neutre. Par ailleurs, au niveau de la production industrielle, la situation diffère fortement d'un pays à l'autre, voire même à l'échelle locale, comme c'est le cas en Belgique. Contrairement à l'usine de Couillet, qui reprend du service après dix mois d'interruption à la suite de l'invasion des troupes allemandes, les principales lignes de production de l'usine de Jemeppe restent fermées durant toute la guerre. En 1920, du fait de la pénurie de matières premières, la capacité de production de Couillet est réduite de 15 à 20% par rapport à la production d'avant-guerre. De fait, le climat politique très instable incite les industriels belges à œuvrer avec extrême prudence au vu de la pression exercée par les

[15] Robert O. Paxton, "The Calcium Carbide Case and the Decriminalization of Industrial Ententes in France, 1915–1926", dans Fridenson (ed.), *French Home Front*, pp. 153–180; Jeffrey A. Johnson, "Power of Synthesis", dans Abelshauser *et al.*, *BASF*, pp. 171–173; Feldman 1966), 470; Jeffrey Fear, *Organizing Control. August Thyssen and the Construction of German Corporate Management*, Cambridge, Harvard University Press, 2005, pp. 432–443.

[16] Sauf mention contraire, les deux sections suivantes s'appuient sur Bertrams, Coupain, Homburg, *Solvay*, chapitre 7.

Figure 4.3. L'usine de Château-Salins est bombardée le 24 juillet 1917. C'est en réalité l'une des seules destructions d'usine subies par Solvay durant la Première Guerre mondiale. Après le transfert de l'Alsace-Lorraine à la France, l'usine quitte le giron des Deutsche Solvay Werke pour rejoindre celui de Solvay & Cie. (Archives Solvay)

autorités occupantes, d'une part, et par les contraintes légales qui ne tarderaient pas à s'imposer une fois la guerre terminée, d'autre part. Autrement dit, la politique de production doit composer avec deux régimes de sanction potentiels : la menace de séquestre durant la guerre et les accusations de collaboration économique d'après-guerre.

À l'inverse, dans les pays non occupés, la production générale de Solvay & Cie est stimulée par l'intensité de l'économie de guerre. Bien que le carbonate de soude ne soit pas à proprement parler un produit stratégique, il n'en reste pas moins un produit de consommation de masse, surtout si l'on tient compte de la détérioration des conditions d'hygiène. Quant à l'autre produit phare de Solvay, la soude caustique, il entre dans le processus de fabrication d'armes chimiques. Par conséquent, le niveau de production de carbonate de soude des usines de Dombasle et de Giraud reste le même qu'avant-guerre, tandis que celui de soude caustique double. C'est là une conséquence directe de la demande suscitée par le système de consortium d'entreprises soutenu par l'État, un système particulièrement utilisé dans l'industrie chimique. C'est ainsi que le gouvernement français saisit l'opportunité que représente la guerre pour lancer un « champion » industriel national se greffant sur des entreprises telles que Saint-Gobain et Kuhlmann. C'est d'ailleurs ce projet qui détermine la création de la Compagnie Nationale des Colorants. Bien que le principe de possession privée soit formellement maintenu, cette société constitue une véritable percée de l'État dans sa tentative de réorganiser l'industrie chimique. Néanmoins, il n'est pas faux de dire que les « entreprises chimiques françaises sortent de la guerre largement enrichies, avec leur indépendance virtuellement intacte. »[17] Ce constat d'accroissement des profits se fait également sentir dans un pays neutre comme l'Espagne, où Solvay & Cie a érigé l'usine de Torrelavega en 1908. En revanche, les lignes de production de l'usine italienne de Solvay, mise sur pied à Rosignano en 1913, restent à l'arrêt durant la plupart du temps.

Du côté allemand, la création d'agences économiques, comme la section spéciale des Matières Premières installée en août 1914 sous la supervision de Walther Rathenau, a des conséquences durables sur l'économie de guerre et bien au-delà. Ce modèle d'organisation donne naissance à un système de politique économique complexe et centralisé, mais il génère aussi un bénéfice considérable pour les entreprises qui fournissent les matières premières.[18] De ce fait, les Deutsche Solvay Werke (DSW) suivent le sillage de la croissance tracé par l'industrie chimique allemande dans son ensemble. Certes, avec des usines situées dans dix lieux différents à travers l'Empire, les exceptions ne manquent pas. Par exemple, le niveau de production de soude caustique des usines de Sarralbe, Würselen,

[17] John F. Godfrey, *Capitalism at War. Industrial Policy and Bureaucracy in France, 1914–1918*, Leamington Spa, Berg Publishers, 1987, pp. 157–180 (citation, p. 180).

[18] Feldman, *Army, Industry, and Labor*, pp. 45–52.

et Osternienburg diminue de 10% chaque année durant la guerre, une situation qui ira en s'aggravant par la suite. De même, le partenaire militaire de l'Allemagne au sein des empires centraux, l'Autriche-Hongrie, présente des signes avant-coureurs de récession. Les usines conjointement gérées par Solvay et le Verein d'Aussig ne saisissent l'impulsion de l'économie de guerre que d'une façon limitée. Les échecs technologiques, une mauvaise gestion et une désorganisation générale mettent Solvay-Werke à rude épreuve et compromettent son développement. En exagérant, on pourrait dire que ce profil industriel correspond au contexte d'effondrement généralisé de l'Autriche-Hongrie qui contraste avec le passé glorieux de la monarchie des Habsbourg. Personne n'incarne mieux ce mélange de déclin et d'illusion que le dernier empereur des Habsbourg, Charles Ier, qui refuse d'abdiquer et tente d'organiser la restauration en exil à Madère, emportant avec lui « les dernières reliques du linceul des Habsbourg. »[19]

LE SINISTRE APRÈS-GUERRE (OU LA POURSUITE DE LA GUERRE PAR D'AUTRES MOYENS)

Les manuels d'histoire nous rappellent volontiers que la Première Guerre mondiale se termine par la capitulation de l'armée allemande et la signature de l'Armistice le 11 novembre 1918. Toutefois, à y regarder de plus près, la période qui suit les hostilités est assez éloignée de ce que l'on pourrait appeler un retour à la paix. D'Helsinki à Budapest, l'Europe continentale est au bord de la guerre civile. Le feu de la révolution se répand en Europe après la prise de pouvoir des bolchéviques en Russie en novembre 1917, qui provoque la chute et l'anéantissement de l'Empire tsariste ainsi que la conclusion d'un traité de paix séparé avec l'Allemagne en mars 1918. Alors qu'ils travaillent à l'internationalisation de la révolution en Europe Centrale et en Europe de l'Ouest, les partisans de Lénine se retrouvent confrontés aux forces contre-révolutionnaires. La situation débouche sur une guerre civile en Russie, dans les pays baltes, en Finlande, et conduit à une instabilité

[19] Taylor, *Habsburg Monarchy*, p. 251.

généralisée en Europe entre 1918 et 1920.[20] L'Allemagne n'est pas épargnée par les vagues de révolution sociale venant de l'est. Mais il en faut bien plus pour la distraire des négociations relatives au processus de paix menées à l'ouest. À la Conférence de paix de Paris en 1919, les anciennes puissances alliées veulent avant tout appliquer le dessein mondial imaginé par le président américain Woodrow Wilson contenu dans ses célèbres « Quatorze Points ». Cependant, il apparaît rapidement que la Conférence légitime le retour de la diplomatie traditionnelle dominée par les Grandes Puissances. Qui plus est, la portée présumée d'une « paix équilibrée » recherchée par Wilson et quelques autres évolue graduellement vers ce que Keynes, alors membre de la délégation britannique à Versailles, qualifie de « paix carthaginoise ». L'Allemagne, déplore-t-il, est condamnée à payer un tribut excessivement lourd en termes de réparations. La délégation française, soutenue par les représentants belges, n'est pas de cet avis. L'Empire allemand est l'unique responsable, d'après eux, et la nouvelle République allemande doit assumer le fardeau de cette responsabilité. Cette conviction amènera d'ailleurs les Français et les Belges à occuper la région de la Ruhr en 1923. La vérité se situe probablement entre ces deux appréciations : si le Traité de Versailles établit les conditions d'une paix déterminées par les vainqueurs, il n'en préserve pas moins l'unité territoriale et la souveraineté allemandes.[21]

Entre-temps, les négociateurs réunis à Paris tracent les contours géopolitiques de l'Europe d'après-guerre. Compte tenu du contexte politique et économique, adapter le vieux continent aux défis du vingtième siècle n'est pas une mince affaire. Les débats achoppent d'ailleurs sur un paradoxe troublant. Alors que le principe « d'autodétermination » martelé par le président Wilson a une influence indéniable sur la construction d'une nouvelle Europe ethniquement homogène, les États-Unis brillent par leur absence. Après un interlude interventionniste en 1917–1918, l'isolationnisme politique devient, une fois encore, le principe de base de la politique étrangère

20 Mark Mazower, *Dark Continent. Europe's Twentieth Century*, Londres, Penguin, 1998, pp. 8–11; Hobsbawm, *Age of Extremes*, pp. 54–71.

21 Zara Steiner, *The Lights that Failed. European International History, 1919–1933*, Oxford, Oxford University Press, 2005, pp. 15–70.

des États-Unis, et singulièrement vis-à-vis de l'Europe.[22] Ce contexte présente une analogie intéressante avec la situation vécue par Solvay & Cie avec son partenaire américain, la Solvay Process Company (SPC). Pendant la guerre, la direction générale de SPC met au point une série d'augmentations du capital qui, peu ou prou, lèsent son actionnaire majoritaire européen. Avec un cynisme affligeant, les frères Hazard justifient l'opération par le fait que la guerre a détourné SPC de ses priorités commerciales, à savoir son marché intérieur. Armand Solvay est outré par cette manœuvre qui a lieu au pire moment de la guerre. Il parviendra finalement à dénouer l'opération mais n'arrivera pas à effacer la perte de confiance entre partenaires qu'elle a provoquée. « Il ne fait aucun doute », écrit-il, « que le Conseil d'Administration de SPC tente de se libérer de toute influence européenne ». Ses collègues peuvent alors penser qu'il pèche par exagération. En fait, il vient de dresser un compte-rendu prémonitoire des tensions qui allaient entacher les relations transatlantiques de Solvay.

LA RÉFORME DES NATIONS ET LA REPRISE DES RELATIONS INDUSTRIELLES

Au moment où les armes finissent par se taire en Europe de l'Ouest, les gérants réalisent que c'est la révolution russe, et non la guerre, qui a le plus fortement affecté le groupe Solvay. À de multiples étapes de la guerre civile russe, les deux usines avaient été saisies, occupées et finalement nationalisées par les bolchéviques. En dépit de tractations menées en vue de récupérer les usines de Berezniki et Lissitchansk qui débutent immédiatement et s'éternisent cinquante ans durant, Solvay & Cie se résigne à la perte irrémédiable de ses usines russes. Les pertes occasionnées par la guerre, en revanche, ont été particulièrement faibles pour Solvay & Cie. La destruction et le démantèlement des infrastructures industrielles, généralisés dans les territoires occupés, ont été évités. Seule la petite usine DSW de Château-Salins a subi d'importants dégâts. Partout ailleurs, des

[22] Un point de vue opposé est suggéré par Patrick O. Cohrs, *The Unfinished Peace after World War I. America, Britain, and the Stabilisation of Europe, 1919–1932*, Cambridge, Cambridge University Press, 2006.

réparations superficielles font l'affaire. Mais il faut dire que des soucis d'un autre calibre se manifestent. Les rumeurs de réorganisation massive de la carte de l'Europe filtrent de la Conférence de Paix de Paris. Les empires sont peut-être entrés en guerre en 1914, mais ce sont des États-nations qui en sortent en 1918. De lourdes incertitudes planent quant au sort et à la légitimité politique de ces « États successeurs ».[23] Il est en tout cas évident que le nouvel ordre international ébauché à Paris a un impact profond sur les ramifications de Solvay & Cie en Europe centrale et orientale. Dans un premier temps, toutefois, l'entreprise a pour priorité de suivre l'issue des négociations autour de la fameuse « question allemande », où « question » signifie « problème » et pour laquelle aucune solution satisfaisante ne semble pouvoir être trouvée. La défaite a plongé le pays dans le chaos politique et le désarroi économique. Si les premières années d'après-guerre sont émaillées de signes de déclin économique dans toute l'Europe, c'est dans la toute jeune République de Weimar qu'ils se font le plus lourdement sentir. Pour des raisons qui échappent encore aux historiens, l'Allemagne parvient à éviter une guerre civile entre l'extrême gauche et la coalition des forces antirévolutionnaires et antirépublicaines.[24] Ce qui apparaît comme certain, en revanche, c'est que la perspective d'un redressement rapide est encore plus hypothétique en Allemagne qu'ailleurs.

Il en va de même pour la gestion de DSW. En fait, les membres du *Vorstand*, Emil Gielen et Ernst Eilsberger, réagissent comme s'ils étaient en train de vivre personnellement le *Diktat* de Versailles. Lorsque les soudières de Sarralbe et de Château-Salins subissent le même sort que l'Alsace-Lorraine et sont transférées en France, l'épisode éveille en eux un sentiment d'amertume qu'ils ne parviennent pas à dissimuler. Alors que les deux usines deviennent des filiales directes de Solvay & Cie, les gérants de DSW ont l'impression d'avoir « perdu » ces deux sites. Malheureusement pour eux, le démantèlement de l'Empire allemand ne s'est pas

[23] R.J.W. Evans, "The Successor States", dans Robert Gerwarth, ed., *Twisted Paths. Europe, 1914–1945*, Cambridge, Cambridge University Press, 2007, pp. 210–235.

[24] Berghahn, *Modern Germany*, p. 80.

limité aux frontières françaises. Une logique géopolitique comparable s'applique à l'est, notamment dans la province prussienne de Posen, où se situe l'usine DSW de Hohensalza. Selon les dispositions du Traité de Versailles, la zone appartient désormais à la République de Pologne. Depuis, le village de Hohensalza est officiellement appelé Inowrocław (sauf durant l'occupation nazie de 1939–1945).[25] Avec l'usine de Podgórze en Galice, anciennement détenue par le groupe Solvay-Werke d'Autriche-Hongrie, l'usine fait partie d'un ensemble polonais constitué spécifiquement, la « Zakłady Solvay w Polsce », créée le 19 mai 1921. Si le découpage de l'Empire des Habsbourg en frontières nationales a pu donner de sérieuses migraines aux négociateurs, il en a été de même pour Solvay & Cie. Les six usines contrôlées par l'entreprise Solvay-Werke avant 1914 sont redistribuées en pas moins de cinq États-nations : Ebensee en Autriche, Nestomitz en Tchécoslovaquie, Podgórze en Pologne, Lukavac dans le royaume des Serbes, Croates et Slovènes (qui deviendra le royaume de Yougoslavie en 1929), ainsi que Torda et Ocna-Muresului en Roumanie.[26] Dans ces nouveaux pays, les gérants et leurs partenaires autrichiens doivent négocier avec la plus grande prudence afin d'éviter la nationalisation des usines. L'objectif est finalement atteint après un effort diplomatique intense mené conjointement avec des industriels et des financiers locaux et, surtout, avec les autorités publiques. En revanche, les négociations font une victime collatérale : le partenariat Solvay-Werke a fait son temps et se voit rapidement remplacé par un assemblage complexe d'accords qui constituent la base d'une communauté d'intérêts avec le Verein Aussig.[27]

[25] L'usine de soude était située dans le village de Matwy (Montwy en allemand), situé à 8 kilomètres au sud d'Inowrocław.

[26] Les villages de Torda et Ocna-Muresului étaient auparavant situés en Transylvanie et appelés Turda et Maros-Ujvar en hongrois. Cependant, avec l'avènement de la « Grande Roumanie », grâce au rôle joué par la Roumanie à l'égard des Alliés qui s'est converti dans des clauses favorables lors du Traité de Trianon, la Transylvanie est restituée à la Roumanie. Par conséquent, les usines qui faisaient partie du réseau de la « Ungarische Solvay-Werke » ont été transformées en une seule entreprise nationale roumaine, « Uzinele Solvay din Transylvania ».

[27] Le « Verein Aussig » est la dénomination allemande de ce qui est devenu l'association tchèque « Spolek pro chemickou a hutní vyrobu », basée à Ústí Nad Labem (Aussig en allemand).

Figure 4.4. Dirigeants de Solvay visitant la mine de sel de Wieliczka, près de Cracovie en Pologne (1921). Au premier rang (de gauche à droite), Émile Tournay et Louis Solvay, ainsi que Sigismond Toeplitz, dirigeant de la filiale polonaise Zakłady Solvay. (Archives Solvay)

« Ce que la guerre a mis en évidence », écrit Edouard Hannon en 1925, « c'est que les pays ne doivent plus être tributaires des usines des pays étrangers pour des produits indispensables en temps de guerre, et qu'ils doivent faciliter l'établissement de ces usines (. . .) dans leur pays par des nationaux. »[28] En d'autres mots, la Première Guerre mondiale a achevé la transformation du substrat idéologique nationaliste en une politique élaborée. Solvay & Cie, en tant que multinationale, doit apprendre à apprivoiser la généralisation et les conséquences de nationalismes multiples. Cela implique une réévaluation complète de l'interaction entre les échelles globales et locales ainsi qu'un réajustement des relations entre politique et affaires. Un autre impact primordial de la guerre concerne la perception changeante du produit principal de Solvay & Cie :

[28] Hannon, « Politique de Solvay & Cie », p. 3.

le carbonate de soude. Comme l'indique le gérant Emmanuel Janssen, la guerre a « comme résultat de faire disparaître le mystère qui entourait l'industrie de la soude. »[29] Ce « mystère » a été entretenu pendant quarante ans grâce à la politique commerciale mise en œuvre par l'entreprise. L'économie de guerre a levé le voile sur les produits alcalis. Désormais, ils ne sont, pour ainsi dire, plus invisibles. Aussi bien le carbonate de soude que la soude caustique sont à présent perçus comme quelque chose *de plus* que des produits de consommation de masse ; ils deviennent des produits d'intérêt public ou général. Le degré élevé d'interventionnisme après la guerre doit être interprété à travers ce prisme. Au final, ces manifestations de l'héritage de la Première Guerre mondiale ne représentent que deux des nombreux défis auxquels l'entreprise devra faire face durant l'entre-deux-guerres.

LE CRÉPUSCULE D'UNE ÉPOQUE

Entre le 21 et le 27 avril 1922, les chimistes se réunissent au premier Conseil Solvay de chimie qui a lieu à Bruxelles. Il y avait déjà eu trois Congrès Solvay dans le domaine de la physique mais c'est la première fois que Solvay consacre une conférence à la discipline qui a été si vitale au succès de son entreprise.[30] La photographie officielle de la réunion montre un Ernest Solvay âgé, canne à la main, assis au premier rang. Il décédera un mois après que cette photographie a été prise, le 26 mai 1922.

L'héritage d'Ernest Solvay est immense, à n'en point douter. Si l'on prend uniquement en compte ses réalisations philanthropiques, on ne peut que rester fasciné de ce qu'il a accompli en finançant

[29] ACS, Emmanuel Janssen, « Voyage aux États-Unis (septembre-octobre 1926) », 28 oct. 1926, p. 24.

[30] Ernest Solvay a financé le troisième congrès de l'Association Internationale des Sociétés Chimiques (*IACS*) tenu à Bruxelles entre le 19 et le 23 septembre 1913, ce qui coïncide avec la célébration du cinquantenaire de l'entreprise. L'objectif de l'IACS était de former la base de l'Institut International de Chimie Solvay mais le projet fut interrompu par la guerre. Voir Brigitte Van Tiggelen et Danielle Fauque, "The Formation of the International Association of Chemical Societies", *Chemistry International*, 34 (1), 2012, pp. 8–11.

la recherche et les instituts scientifiques. L'idée sous-jacente de son mécénat a consisté à promouvoir une science en action plutôt que de récompenser ses résultats, comme le feront les Prix Nobel. En ce sens, l'action philanthropique d'Ernest Solvay est résolument moderne. Mais Solvay n'en a pas moins été actif dans d'autres domaines. Il a puisé ses théories physiques et sociologiques dans une philosophie issue du positivisme des sciences naturelles mais dont il a constamment cherché à démontrer les fondements scientifiques en recourant à une méthodologie et une mise à l'épreuve expérimentales.[31] Élu sénateur libéral à deux reprises (1892–94 et 1897–1900), il n'a été ni membre d'un parti ni militant politique. Si sa carrière politique fut brève, tel n'est pas le cas de son influence politique, de son engagement, ou, plus justement, de sa « vision » politique. Véritable partisan de la circulation et de la promotion de l'intelligence, Ernest Solvay a toujours été convaincu des vertus de l'internationalisme. C'est l'une des raisons pour lesquelles il a été profondément affecté par le déclenchement de la guerre. La violation de la neutralité de la Belgique par les troupes du Kaiser l'a ému d'un point de vue plus personnel encore. Ses sentiments patriotiques se sont décuplés au cours de la guerre et, comme nous l'avons mentionné, il a pu leur trouver une forme d'exutoire dans l'organisation du Comité National de Secours et d'Alimentation. À l'issue de la guerre, puisque Solvay a refusé d'être anobli, le roi Albert I lui a accordé le titre honorifique de ministre d'État en reconnaissance de ses accomplissements humanitaires.

Ce n'est pas une coïncidence si les dernières propositions politiques d'Ernest Solvay sont envoyées aux délégués de la Conférence de Paix de Paris en 1919. L'une d'entre elles concerne « la solution générale pour le problème universel de l'organisation sociale » qui, si l'on tient compte de la sémantique particulière de son auteur, tend à suggérer que Solvay soutient les mécanismes de justice sociale et de résolutions pacifiques inspirés par l'idéalisme wilsonien.[32] Pour

[31] Pour plus d'informations, voir Bertrams, Coupain, Homburg, *Solvay*, chapitre 5 et Despy-Meyer et Devriese (éds.), *Ernest Solvay et son temps*.

[32] Jean-François Crombois, « Energétisme et productivisme: la pensée morale, sociale et politique d'Ernest Solvay », dans Despy-Meyer et Devriese (éds.), *Ernest Solvay et son temps*, p. 220.

Figure 4.5. Le premier Conseil de physique Solvay rassemble en 1911 les plus brillants esprits de l'époque (Nernst, Planck, Brillouin, Rubens, Sommerfeld, Lindemann, Lorentz, De Broglie, Knudsen, Warburg, Perrin, Hasenohrl, Wien, Curie, Jeans, Rutherford, Poincaré, Kamerlingh Onnes, Einstein, Langevin, réunis autour des organisateurs belges Solvay, Goldschmidt, Herzen et Hostelet). Cette photo est devenue une icône de l'histoire des sciences. (Photographie de Benjamin Couprié)

autant, Solvay est bien conscient des limites pratiques du registre de l'internationalisme en temps de guerre. Ce registre s'est écroulé de la même manière que s'est écroulé l'ordre mondial d'avant-guerre. Ainsi, Ernest Solvay n'a-t-il manifesté aucune opposition quand les scientifiques belges et français ont insisté pour écarter leurs homologues allemands des congrès organisés par les Instituts Internationaux de Chimie et de Physique Solvay.[33] Le boycott des savants

[33] Kenneth Bertrams, "Caught-up by Politics? The Solvay Councils on Physics and the Trials of Neutrality", dans Rebecka Lettevall, Geert Somsen, and Sven Widmalm (eds.), *The Science, Culture and Politics of Neutrality in Twentieth-Century Europe*, Londres, Routledge, 2012, pp. 140–158.

n'allait prendre fin qu'avec la signature du Traité de Locarno en 1925. Cet accord ouvre une nouvelle phase de l'histoire politique européenne. Certains estiment que les relations diplomatiques et scientifiques entre anciens belligérants peuvent alors reprendre sur des bases saines. D'autres, plus réalistes, n'y croient guère. La Paix de Locarno n'incarnerait, selon eux, qu'un apaisement sans véritable réconciliation. Elle n'ouvrirait qu'une phase de normalisation provisoire.

Figure 5.1. Cellules au mercure « type Solvay » à l'usine électrolytique de Jemeppe, Belgique, 1910. (Archives Solvay)

5

La rationalisation de l'industrie chimique mondiale

– A aucune reprise, lors d'un compte-rendu sur l'état de l'Union, le Congrès des États-Unis ne s'est assemblé avec la perspective de réconfort qui se manifeste actuellement. Dans le domaine intérieur, le calme et la satisfaction prédominent; on enregistre des relations harmonieuses entre patrons et travailleurs, l'interruption des conflits industriels, et la plus longue série d'années de prospérité. (...) La grande richesse générée par nos entreprises et notre industrie, confortée par notre économie, est largement distribuée parmi toutes les couches de la population, et s'est même répercutée généreusement pour le bien des affaires mondiales. (...) Ce pays peut regarder le présent avec satisfaction et envisager le futur avec optimisme.

Calvin Coolidge, président des États-Unis
Discours sur l'état de l'Union, 4 décembre 1928

DE PLUS GRANDES ENTREPRISES, PLUS DE PRODUITS : UNE PERSPECTIVE AMÉRICAINE

En plus des bouleversements politiques, les sociétés d'après-guerre s'apprêtent à connaître des changements économiques majeurs. La guerre a fait monter en flèche la demande de produits chimiques particuliers, dont les débouchés sur le marché sont faibles après 1918. Les entreprises sidérurgiques et chimiques qui avaient fonctionné sur les modèles de production massive de l'économie de guerre se retrouvent soudainement confrontées à la menace d'une sous-utilisation des produits et du personnel. Les nouvelles conditions de marché confrontent les entreprises à une série de défis. Ces conditions varient en fonction des circonstances locales mais comportent un trait commun, celui de s'adapter au monde économique des années 1920. Un mécanisme spécial était régulièrement utilisé à cet effet : la rationalisation. Durant les années d'après-guerre, les milieux industriels manifestent une sorte d'obsession pour diverses formes de techniques organisationnelles provenant d'une rationalisation basée sur l'ingénierie, également appelées « américanisme ».[1] Bien entendu, la « gestion scientifique » de Frederick Taylor et, plus tard, les techniques de production de masse d'Henry Ford, sont les manifestations de rationalisation les plus communément appliquées en usine. Mais il existe également une rationalisation à grande échelle qui touche l'organisation même de l'économie plutôt que les usines. Celle-là s'effectue à travers la diversification et la concentration.

Bien que la concentration ait déjà été appliquée depuis le début du vingtième siècle, la diversification n'avait pas encore atteint le stade de stratégie industrielle à proprement parler. La société chimique américaine Du Pont est pionnière en la matière. En quelques années à peine, l'entreprise familiale, jusqu'alors limitée à la fabrication d'explosifs, se met également à produire plusieurs dérivés issus de la chimie des explosifs (peinture, teinture, plastiques cellulosiques, pellicule ou fibres artificielles). Mais elle ne s'arrête pas là. L'expansion de ses lignes de produits est rendue possible grâce à une profonde réorganisation adoptée en septembre 1921 après laquelle la gestion de Du Pont devient décentralisée et « multidivisionnelle ». Différentes divisions sont créées, qui jouissent de plus d'autonomie et de flexibilité organisationnelle. L'accent est principalement mis sur le développement des produits moyennant un investissement dans des infrastructures de recherche.[2] Selon l'historien Alfred Chandler, les grandes entreprises industrielles qui ont suivi cette politique multidivisionnelle dans les années 1920 l'ont fait afin de rétablir la croissance et d'exploiter des économies d'échelle.[3] La stratégie s'avère payante pour Du Pont car « elle

[1] Mary Nolan, *Visions of Modernity: American Business and the Modernization of Germany*, New York, Oxford University Press, 1994.

[2] Pap Ndiaye, *Du nylon et des bombes. Du Pont de Nemours, le marché et l'État américain, 1900–1970*, Paris, Belin, 2001, pp. 98–110.

[3] Alfred D. Chandler, *Scale and Scope. The Dynamics of Industrial Capitalism*, Cambridge, Harvard University Press, 1990, pp. 40–45.

permet à la compagnie de faire d'impressionnants bénéfices, même durant la Grande Dépression. »[4] La diversification est donc une stratégie qui tend, d'une part, à reconquérir le marché via l'offre d'une palette de différents produits, et d'autre part, à générer des économies de coûts.

Un autre exemple, d'ampleur plus modeste il est vrai, concerne la Semet-Solvay Company. Lorsque le directeur de la Solvay Process Company (SPC), Rowland Hazard, acquiert les brevets du procédé Semet-Solvay pour le marché américain en 1895, la nouvelle entreprise, largement contrôlée par SPC et des actionnaires américains, se concentre sur la construction de fours à coke à récupération des sous-produits. Il s'agit d'une démarche assez logique : la technologie de récupération de l'ammoniaque conçue par le beau-fils d'Ernest Solvay, Louis Semet, et commercialisée par le gérant Edgard Hulin, s'avère tout à fait utile à la fabrication de carbonate de soude selon le procédé Solvay. Pourtant, dans les années 1900, la Semet-Solvay Company ajoute à ses activités une large gamme de produits dérivés de la cuisson du coke (benzène, toluène, naphta, etc.). Peu avant la guerre, l'ampleur des investissements de la Semet-Solvay Company dépasse presque celle de son holding, SPC.[5] Chose intéressante, l'homologue belge de la Semet-Solvay Company, la Société Anonyme des Fours à Coke Semet-Solvay, créée en 1912, suivra plus tard un tout autre chemin. Sa stratégie à la fin des années 1920 est de croître par le biais de fusions et des participations croisées. Ces démarches se rapprochent davantage des mécanismes de concentration commerciale.

Tout comme la diversification, les objectifs poursuivis dans le cadre d'une concentration industrielle sont la réduction des coûts et le redressement de la compétitivité. Mais cela permet également une augmentation de la capacité financière. Dès lors, la concentration apparaît fréquemment comme un prélude à la diversification. Comme nous l'avons déjà souligné, le regroupement d'entreprises en unités plus larges n'a rien de nouveau, particulièrement aux États-Unis. Une première vague de fusions d'entreprises avait déjà eu lieu dans les années 1890. Le pionnier mondial à cet égard est la célèbre Standard Oil Trust de John D. Rockefeller créée en 1882. Dans

[4] Chandler, *Scale and Scope*, p. 177.

[5] Bertrams, Coupain, Homburg, *Solvay*, chapitre 5.

l'industrie chimique américaine, les principales consolidations du tournant du siècle aboutissent à la fondation de la Barrett Company en 1896, de General Chemical en 1899 et de Du Pont en 1902. Alors que General Chemical résulte d'une fusion de onze producteurs, principalement axés sur la production d'acide sulfurique, les différentes composantes de ce qui s'apprête à devenir la Barrett Company sont toutes centrées sur les dérivés du goudron de houille.[6] Leurs histoires respectives sont importantes pour Solvay & Cie pour au moins deux raisons. La première nous ramène avant la guerre. En 1910, la Barrett Company, General Chemical et la Semet-Solvay Company unissent leurs forces pour créer Benzol Products, une filiale qui développe des dérivés spécialisés du goudron de houille. En 1917, Benzol fusionne avec des producteurs de colorants et forme la National Aniline & Chemical. À la suite de ces fusions, l'industrie chimique d'après-guerre apparaît moins fragmentée. Il en est de même pour le marché. Pour autant, cette série de fusions n'est qu'une mise en bouche si on la compare à ce qui se produira par la suite, à savoir la création de l'Allied Chemical & Dye en décembre 1920. Celle-ci est d'ailleurs la deuxième raison de cette évocation liée à Solvay.

ALLIED CHEMICAL OU LE MYSTÉRIEUX ORLANDO WEBER

Si les concentrations et les fusions sont monnaie courante aux États-Unis, elles ne deviennent à la mode en Europe qu'à partir des années 1920. Certaines d'entre elles sont spectaculaires même si elles ne rencontrent pas le succès escompté.[7] Une partie de ces échecs partiels réside dans une intégration laborieuse due à un manque de connexions préalables. Les cinq entreprises qui forment Allied Chemical & Dye se connaissaient avant que la fusion ne soit officialisée. Il s'agit de General Chemical, de la Barrett Company, de la National Aniline & Chemical, de la Semet-Solvay Company et de SPC. Certains affirment qu'Allied est la conséquence naturelle des relations commerciales qui existaient auparavant. Les arguments pour la fusion de 1920 sont fournis par le comité d'organisation : « une

[6] William Haynes, *American Chemical Industry* (vol. VI: The Chemical Companies), New York, Van Nostrand, 1949, pp. 45–47, 179–181.

[7] Cassis, *Big Business*, p. 31.

plus grande diversification de la production et, par conséquent, une meilleure stabilité commerciale ; une plus grande coordination entre la production de matériaux de base et intermédiaires et les besoins des produits de transformation et de leurs dérivés ; enfin, une plus grande puissance financière ».[8] La création d'Allied résulte d'une stratégie qui tend à rentabiliser au maximum les ressources et le personnel des cinq entreprises. On pourrait supposer qu'une telle stratégie est en harmonie avec Solvay & Cie. Ce n'est pas le cas.

Bruxelles est largement pris au dépourvu par la rapidité avec laquelle Allied s'est formée. Lorsque les gérants entendent parler de ce projet pour la première fois en 1918, ils échafaudent des combinaisons alternatives, dont la première est de trouver un accord avec le nouveau géant de la chimie américaine, Du Pont, qui est aussi une entreprise familiale. Bien qu'ils soient majoritairement réticents vis-à-vis de la formation d'Allied, ils ne s'y opposent pas. Pourquoi ? Une explication plausible est que les gérants voient la fusion comme une opportunité de renforcer SPC car cela fait des années que la filiale américaine perd des parts de marché. L'autre raison, plus réaliste, est qu'ils ne sont tout bonnement pas en mesure de s'y opposer. Depuis la guerre, l'attitude de SPC vis-à-vis de son actionnaire principal n'est pas des plus amicales. De plus, SPC est loin d'avoir le dessus dans les négociations qui mènent à la formation d'Allied. Ce sont des hommes d'affaires expérimentés comme le dirigeant de General Chemical, William H. Nichols et, surtout, le financier de la National Aniline, Eugen Meyer, qui tirent les ficelles. Lorsque Meyer parvient à imposer son successeur à la tête du nouveau groupe, Orlando Franklin Weber (1878–1945), un manager professionnel doublé d'une forte personnalité, le message est on ne peut plus clair. Si le style de gestion autocratique de Weber et sa grande discrétion s'avèrent extrêmement utiles pour optimaliser les performances commerciales d'Allied, son tempérament contribue à pousser les membres de son personnel au bord de la crise de nerfs. Ses relations avec Solvay & Cie sont à peine plus stables que la bourse de New York; elles fluctuent entre scepticisme bon teint et confrontation directe.

[8] Cité dans Chandler, *Scale and Scope*, p. 179.

Figure 5.2. Solvay détient une participation de 16% dans le puissant conglomérat américain Allied Chemical & Dye Corp. au moment de sa création en 1920. Malgré des liens qui se distendent au niveau industriel, Solvay reste un actionnaire prépondérant de ce trust qui trône longtemps au somment de l'industrie chimique américaine. En 1963, le siège central d'Allied Chemical est situé au n°1 de Times Square à New York, symbolisant la puissance de l'entreprise. (Archives Allied Chemical, permission Honeywell)

La biographie de Weber constitue, en soi, une épopée. Fils d'un leader syndicaliste socialiste du Milwaukee, ce champion cycliste devient vendeur dans l'industrie automobile naissante. Parcourant les États-Unis, il finit par attirer l'attention d'Eugen Meyer, qui admire sa soif d'action et ses capacités organisationnelles. Ces deux hommes forment un duo de choc au sein de la National Aniline durant la guerre. « Meyer conçoit et Weber met en œuvre », dira plus tard Emmanuel Janssen. « Dès qu'il avait repris le contrôle d'une affaire, Meyer donnait plein pouvoir à Weber pour la réorganiser. C'est ainsi que peu à peu Weber a pris ses habitudes dictatoriales. On était en période troublée. Il fallait agir vite et il suffisait d'être un bon organisateur pour gagner de l'argent à profusion. »[9] Entre Weber et les leaders de la seconde génération de l'entreprise familiale Solvay, il y a plus qu'une différence culturelle. C'est un océan qui les sépare. Alors qu'Emmanuel Janssen se montre compréhensif, ses collègues gérants frôlent l'apoplexie lorsqu'ils prennent connaissance des prétentions salariales de Weber en tant que président exécutif d'Allied. Pourtant, celui qui ne désavoue pas son qualificatif de « manager mystérieux » semble être considéré à l'unanimité comme l'homme de la situation. Et les faits finissent par confirmer la confiance en soi qui le caractérise. Les coûts de production chutent, les ventes et le chiffre d'affaires décollent et les bénéfices grimpent en flèche. Cette situation témoigne de la conjoncture de croissance exponentielle et de forte spéculation caractérisées par les années 1920 « rugissantes » (« *roaring Twenties* »). De quoi, dès lors, les actionnaires peuvent-ils se plaindre ? Détenant un peu plus de 16% du capital d'Allied à travers son contrôle de SPC, Solvay & Cie semble soulagée lorsqu'elle perçoit les généreux dividendes. Cependant, la lune de miel est sur le point de s'achever.

Les premiers nuages s'amoncellent dans le courant de l'année 1922.[10] Tout d'abord, on reproche à Weber l'imprudence de ses méthodes managériales. Il vient de licencier plusieurs cadres intermédiaires ainsi que des techniciens compétents. Ceux-ci avaient

[9] ACS, Emmanuel Janssen, « Voyage aux États-Unis (septembre-octobre 1926) », 28 oct. 1926, p. 10.

[10] Voir Bertrams, Coupain, Homburg, *Solvay*, chapitre 9.

Figure 5.3. L'une des rares photographies d'Orlando Weber (de profil, à droite), prise en 1935 après son éviction du poste de président de l'Allied Chemical & Dye Corp. Son aversion pour les journalistes amena le *Life Magazine* à l'appeler « Mystery man of Wall Street » dans un article de 1938. (Photographie de Robert Boyd, Milwaukee Journal)

eu l'audace de s'opposer à sa façon despotique de leur intimer des ordres. Les actionnaires européens sont bien conscients de la situation ; ils critiquent moins la nature et les motivations des licenciements de Weber que leurs conséquences. À cause de ses décisions, du personnel qualifié est immédiatement recruté par des concurrents directs, lesquels diminuent les parts de marché d'Allied. Solvay & Cie et Brunner, Mond craignent que le savoir-faire du procédé de soude à l'ammoniaque, qu'ils sont parvenus à conserver pendant plus de cinquante ans soit entièrement divulgué. Bien que Weber minimise le danger, il devient évident que ses pratiques de gestion contrastent nettement avec celles de ses homologues européens. Mais ceci n'est que la partie émergée d'un malentendu plus profond. Weber s'attend à ce que les actionnaires restent passifs, tant que les affaires prospèrent. Solvay & Cie, au contraire, affirme que leurs relations doivent être basées sur les principes d'un partenariat industriel. Les gérants se lancent alors dans la mise en œuvre de ce qu'on appellera « l'accord tripartite ». Signé en juillet

1922, le document a pour but d'œuvrer à un échange plus abouti d'informations techniques ainsi qu'à une mise au point des positions commerciales respectives de Solvay & Cie, de Brunner, Mond et de la division Alcalis d'Allied dans le monde. Néanmoins, en raison d'une méfiance mutuelle croissante, l'accord ne sera jamais vraiment appliqué. Le problème dépasse d'ailleurs les difficultés issues des relations bilatérales Allied-Solvay. L'industrie chimique devenant de plus en plus mondialisée et organisée en de plus larges unités, la source des tensions est plus profonde. Il doit se chercher notamment dans les entrailles de la République de Weimar.

LES ANNÉES DE L'AMMONIAQUE SYNTHÉTIQUE (1919–1924)

Au début des années 1920, l'économie allemande paie toujours le prix de la guerre. En plus des réparations colossales à régler, auxquelles s'ajoutent les dettes de guerre des puissances alliées, l'Allemagne est obligée de mettre en œuvre d'importants transferts de technologie exogènes. Le gouvernement français utilise les dispositions du Traité de Versailles pour exiger de l'industrie chimique allemande qu'elle lui remette le brevet d'une des technologies de guerre principales, le procédé Haber-Bosch pour la production d'ammoniaque synthétique par fixation de l'azote. Cela se conçoit aisément : le procédé est une découverte révolutionnaire pour la production d'explosifs et d'engrais.[11] La France perçoit cette aubaine qui lui permettrait d'utiliser le brevet presque gratuitement. D'un autre côté, l'entreprise BASF, qui possède cette technologie, n'est pas prête à s'incliner si facilement devant le *Diktat* français. Le dirigeant de BASF et co-fondateur du procédé, Carl Bosch, veut faire fructifier l'intérêt général que cette technologie a éveillé et est disposé à entamer des négociations concernant l'octroi d'une licence.[12] Pour des raisons principalement liées à la protection de sa propre technologie, Solvay & Cie est également très intéressée par le procédé.

[11] Anthony S. Travis, "High Pressure Industrial Chemistry: The First Steps, 1909–1913, and the Impact", dans Anthony S. Travis, Harm G. Schröter, Ernst Homburg, et Peter J.T. Morris, eds., *Determinants in the Evolution of the European Chemical Industry, 1900–1939*, Dordrecht, Kluwer, 1998, pp. 8–13.

[12] L.F. Haber, *The Chemical Industry, 1900–1930: International Growth and Technological Change*, Oxford, Clarendon Press, 1971, pp. 194–195; Abelshauser *et al.*, *BASF*, pp. 183–185.

Pendant un temps, il est même perçu par le groupe Solvay comme une menace commerciale potentielle. Avec des délégués de Brunner, Mond, les gérants Edouard Hannon et Emmanuel Janssen entreprennent des visites d'inspection dans les usines BASF à Oppau près de Mannheim en août 1919. La capacité de production d'azote pur y est déjà très impressionnante, mais reste en-deçà des niveaux prévus par l'usine BASF située à Leuna, au sud de Bernburg, qui est alors en construction.

Solvay & Cie désire entrer en négociation avec BASF et, à travers celle-ci, avec les sept autres entreprises qui, groupées en 1916 sous le nom de « petite I.G. Farben », forment une « communauté d'intérêts ». Mais les contraintes sont nombreuses. Les cendres de la guerre sont toujours fumantes et le contexte international est loin d'être stabilisé. Des initiatives collectives interalliées sont dans l'air. Du côté français, les modèles d'interventionnisme étatique d'après-guerre stimulent la création d'une entreprise qui exploiterait le procédé Haber-Bosch. Cela donne lieu à des controverses nationalistes car une technologie alternative vient alors d'être inventée par le chimiste français Georges Claude. Le Ministère des Munitions français n'en a cure et poursuit avec la technique *« made in Germany »*. Solvay & Cie est invitée à participer mais décline l'offre sur-le-champ; elle est plutôt réticente à l'idée de prendre part à une entreprise possédée ou influencée par l'État. L'intuition s'avèrera bonne : les efforts assidus de l'État français aboutissent à la construction d'une usine désastreuse à Toulouse en 1929, qui fonctionnera à perte.[13] Le gouvernement britannique exhorte également Brunner, Mond à adopter une technologie de synthèse à haute pression. L'entreprise britannique finit par annoncer la construction à Billingham d'une usine de production d'ammoniaque synthétique par le procédé Haber-Bosch. BASF est furieuse: le transfert de technologie n'a pas été négocié entre les deux entreprises. Brunner, Mond a obtenu des informations confidentielles grâce à un achat fait à deux ingénieurs alsaciens employés à Oppau durant la guerre.[14] Son

[13] Fred Aftalion, *Histoire de la chimie*, Paris, Masson, 1988, p. 144.

[14] W.J. Reader; *Imperial Chemical Industries: A History, vol. II: The First Quarter Century, 1926–1952*, Oxford, Oxford University Press, 1970, pp. 355–358; Abelshauser *et al.*, *BASF*, p. 186.

partenaire britannique optant pour une opération en solo, Solvay & Cie dispose alors d'une marge de manœuvre pour discuter directement avec BASF. Une première réunion a lieu à Aix-la-Chapelle en septembre 1919. Tout se déroule très vite. Le Traité de Versailles vient à peine d'être signé et les troupes interalliées, y compris les divisions belges, occupent toujours la rive ouest du Rhin.[15]

En négociant avec Carl Bosch et son homologue de Bayer, Carl Duisberg, les intentions des gérants sont doubles. Premièrement, ils veulent neutraliser le risque potentiel d'une compétition accrue dans le commerce des alcalis. Ils sont rapidement rassurés à cet égard : ni BASF ni Bayer n'envisagent de se concentrer plus avant sur la fabrication de produits liés à la soude. Le deuxième objectif est plus ambitieux, bien qu'il soit moins clair à première vue. Solvay & Cie cherche à engager les deux entreprises dans une coalition internationale avec Brunner, Mond et Allied Chemical. À ce titre, l'ammoniaque synthétique est un premier pas vers le développement d'un projet commercial de plus grande envergure, mais qui demeure relativement vague. Bosch et Duisberg opinent du chef respectueusement. Ils ne se lancent pas tout de suite dans l'aventure, mais ne refusent pas pour autant la proposition; ils demandent simplement un temps de réflexion. Après tout, tout le monde estime qu'il n'y a pas urgence en la matière. Ce n'est pas tout à fait vrai : les partenaires internationaux de Solvay & Cie se développent à la vitesse de la lumière. Sur la base de discussions menées entre General Chemical et la SPC, la première société américaine à avoir recours à l'ammoniaque synthétique, Atmospheric Nitrogen Corporation, est créée en 1920 ; elle devient directement une filiale d'Allied Chemical.[16] Toutefois, ce n'est qu'en 1927 qu'Orlando Weber construira une usine d'azote, à Hopewell en Virginie, qui parviendra à dépasser les résultats atteints dans une petite usine pilote. Quant à Brunner, Mond, son leadership dans l'industrie chimique britannique est incontesté à la suite de quelques acquisitions. Au final, Solvay & Cie craint d'être laissée pour compte pendant que les colosses prennent forme. Par conséquent, les gérants insistent

[15] Margaret Pawley, *The Watch on the Rhine. The Military Occupation of the Rhineland*, Londres, MacMillan, 2007, pp. 39–41.

[16] Travis, "High Pressure", p. 16.

pour qu'un accord direct soit conclu entre Solvay & Cie, d'une part, et BASF, Bayer et les membres restants de la « petite I.G. Farben », d'autre part.

Bien qu'une énième salve de réunions ait lieu en 1922, à l'époque de l'« accord tripartite » entre Solvay & Cie, Brunner, Mond, et Allied, l'accord allemand traîne pendant des mois et n'est finalement ratifié qu'à l'été 1924. Quels sont les motifs de ces atermoiements ? Une partie de la réponse est à chercher du côté d'Orlando Weber. La puissance gagnée chaque jour par Allied Chemical persuade progressivement Bosch et Duisberg de reprendre les discussions avec Solvay & Cie. Il est évident qu'ils veulent chacun leur part du gâteau du marché américain et considèrent que Solvay & Cie est un intermédiaire opportun à cet égard. Une autre partie de la réponse renvoie probablement au contexte économique et politique. En infraction aux mécanismes de réparations de guerre, l'Allemagne avait fait geler ses paiements d'or ainsi que ses livraisons de charbon et de bois à la fin de l'année 1922. Cela avait incité les troupes belges et françaises à se ruer vers le Rhin et à occuper les gisements miniers de la Ruhr à partir de janvier 1923. Bien entendu, cette situation ne contribue nullement à normaliser les relations internationales. Le chaos économique s'empare de la République de Weimar, frappée par des taux d'hyperinflation sans précédents (un pain coûte des millions de *Papiermarks*) et par une série de grèves incontrôlables. Les derniers soldats belges et français quittent la région de la Ruhr en août 1925, à la suite du Traité de Locarno.[17] C'est dans cette atmosphère sulfureuse qu'un accord entre Solvay & Cie et la « petite I.G. Farben » est conclu. Son contenu est d'une importance capitale. Il comprend deux contrats séparés : d'une part, un échange d'actions entre DSW et le groupe allemand, et d'autre part, un contrat commercial basé sur le respect des anciennes lignes de produits. Pour Solvay & Cie, c'est un pas important et très rentable en vue de construire une alliance solide, comparable aux standards internationaux en la matière. Mais les obstacles allaient en décider autrement.

[17] Charles H. Feinstein, Peter Temin, et Gianni Toniolo, *The European Economy Between the Wars*, Oxford, Oxford University Press, 1997, pp. 36–41; Mazower, *Dark Continent*, p. 66.

LE « CARRÉ MAGIQUE » QUI NE VIT JAMAIS LE JOUR (1925–1926)

L'accord que vient d'obtenir Solvay & Cie avec BASF et les autres est renforcé par une autre décision prise dans les mois suivants du côté allemand, à savoir la consolidation de la communauté d'intérêts en une seule unité. La petite I.G. devient à présent I.G. Farben AG. Bosch convainc finalement Duisberg à mettre à exécution cette fusion spectaculaire de huit éléments qu'il avait en tête depuis longtemps. Officiellement incorporée en décembre 1925, I.G. Farben devient rapidement la plus grande et plus puissante entreprise chimique jamais créée en Allemagne.[18] À la suite du partenariat intervenu entre Solvay et I.G. Farben, tous les regards se tournent par-delà l'Atlantique. Que peut bien penser Orlando Weber ? Est-il intéressé par la formation d'une nouvelle version de la Triple Entente, plutôt éloignée, admettons-le, du modèle originel d'alliance militaire ? « Pour l'instant », déclarent les gérants en novembre 1923, « il semblerait que les américains ont le vertige de leur propre puissance. Ils ont l'impression démesurée d'être les arbitres du monde. »[19] Une chose est sûre, en attendant : l'animosité entre Weber et le président de Brunner, Mond, Roscoe Brunner, le fils du co-fondateur John Brunner, ne fait que croître et embellir. L'origine du désaccord est difficile à identifier vu qu'il concerne l'opposition de culture et de style personnels issue de la « relation spéciale » qu'entretiennent la Grande-Bretagne et les États-Unis. Mais leur hostilité mutuelle est assez profonde pour qu'ils se tiennent à distance. L'histoire prend une tournure tragique quand, en 1923, Roscoe Brunner perd un procès important contre les frères Lever pour violation de contrat et se donne la mort. Il est remplacé à la présidence par un autre héritier, le fils de Ludwig Mond, Alfred Mond, qui vient de passer 17 ans de carrière dans la politique en ayant notamment été nommé ministre de la Santé en 1921 et 1922.

Alfred Mond est plus enclin que Roscoe Brunner à poser les jalons de l'alliance internationale dont rêve Solvay & Cie. Du moins, il

[18] Chandler, *Scale and Scope*, pp. 564–569; Cassis, Big Business, pp. 50–51; Abelshauser *et al.*, *BASF*, pp. 201–205.

[19] ACS, Procès-verbal de la rèunion de gérance, 12 Nov. 1923.

est prêt à tenter le coup. Chez Solvay & Cie, Emmanuel Janssen est l'inoxydable architecte de ce projet. Il s'affaire à négocier séparément avec Allied, I.G. Farben, et Brunner, Mond. Il pense que le moment est venu pour la formation d'une sorte de « carré magique », une Allied ou I.G. internationale à quatre faces. Dès lors, il ajoute une pincée de drame dans son dernier rapport de mission annuelle aux États-Unis. « L'heure est grave », prévient-il ses collègues en revenant d'un long séjour aux États-Unis en novembre 1925. Et de plaider pour la création d'une entreprise à quatre têtes qui s'articulerait autour des participations étrangères de Solvay & Cie.[20] La loyauté de Weber à l'égard des arrangements antérieurs est l'inconnue de l'équation. Lorsqu'il se trouve en Europe en janvier 1926, il affirme que l'accord tripartite signé en 1922 est en nette contradiction avec les dispositions de la loi Sherman de 1890, une législation antitrust qui limite la formation de cartels et de monopoles. Les arguments invoqués par Weber sont à la fois douteux et hypocrites. Douteux car, de manière plutôt paradoxale, la loi Sherman encourage le mouvement de fusion plus qu'elle ne l'entrave et fixe les conditions d'une concurrence libre. Dans l'industrie de l'acier, par exemple, les niveaux de concentration en Allemagne n'atteignent les seuils américains qu'en 1926, avec la création déjà mentionnée des Vereinigte Stahlwerke.[21] Mais c'est tout aussi hypocrite dans la mesure où, depuis la fin de la guerre, la loi Sherman est déployée comme un bouclier juridique à l'encontre des entreprises étrangères qui s'installent aux États-Unis. Une telle rhétorique tend à cautionner le nationalisme économique au nom du libéralisme.

Au vu de la correspondance échangée, des réunions et des débats qui s'y déroulent, l'année 1926 est indéniablement l'une des plus palpitantes dans l'histoire de la firme multinationale. Quand un projet semble inébranlable un jour, il est réduit en miettes le lendemain. Personne ne sait vraiment à quoi s'attendre. Au bout du compte, une réunion « de la dernière chance » a lieu au siège social d'Allied à New York en septembre 1926. Chose exceptionnelle, deux gérants accompagnent Emmanuel Janssen dans son traditionnel

[20] ACS, Emmanuel Janssen, « Voyage aux États-Unis (octobre-novembre 1925) », nov. 1925, p. 17.

[21] Fear, *Organizing Control*, pp. 239–241; Cassis, *Big Business*, p. 49.

voyage outre-Atlantique : le petit fils d'Ernest Solvay, Ernest-John Solvay (1895–1972) et l'un des beaux-fils d'Alfred Solvay, Emile Tournay (1878–1958). Ils écoutent attentivement l'exposé de Weber. Invoquant la loi Sherman, celui-ci leur fait finalement savoir qu'il désire une « liberté d'action totale » pour *son* entreprise. Ce n'est que dans un second temps que les gérants comprennent que cela signifie non seulement la suppression de « l'accord tripartite » mais que cela vise également la rupture de *tous* les contrats déterminant les relations historiques entre Solvay & Cie et les constituants d'Allied, SPC et Semet-Solvay Company. C'est bien au-delà de ce que peuvent supporter Ernest-John Solvay et Emile Tournay. Ils embarquent sur le premier paquebot à destination de l'Europe. Emmanuel Janssen reste un moment à New York. Il ne compte pas raisonner Weber ; il espère simplement qu'il se ressaisira de lui-même. Le patron d'Allied, pense-t-il, est un génie des affaires autant qu'un acteur incontrôlable.[22] Cependant, du point de vue théâtral comme du point de vue commercial, Orlando Weber a réagi de manière excessive. Et il est trop tard pour rentrer dans le rang : des scénarii alternatifs voient le jour, tout d'abord chez Brunner, Mond, et ensuite chez Solvay & Cie, dans les deux cas avec des conséquences très différentes.

ICI, L'EMPIRE BRITANNIQUE DE LA CHIMIE

Définir Imperial Chemical Industries (ICI) comme un plan B semble irrévérencieux envers l'une des plus ambitieuses entreprises britanniques jamais fondées au vingtième siècle. Comme le note l'historien Alfred Chandler, ICI « est la première fusion britannique à consolider les principaux secteurs d'une industrie de base à la manière américaine. »[23] Pourtant, ICI s'avère être le deuxième choix d'Alfred Mond, une voie intégralement britannique qu'il a longtemps refusée. De toute évidence, l'attitude hostile de Weber a été décisive puisqu'elle permet à Mond de dissiper ses dernières hésitations. ICI résulte de la fusion entre Brunner, Mond, Nobel

[22] ACS, Emmanuel Janssen, « Voyage aux États-Unis (septembre-octobre 1926) », 28 oct. 1926.
[23] Chandler, *Scale and Scope*, p. 358.

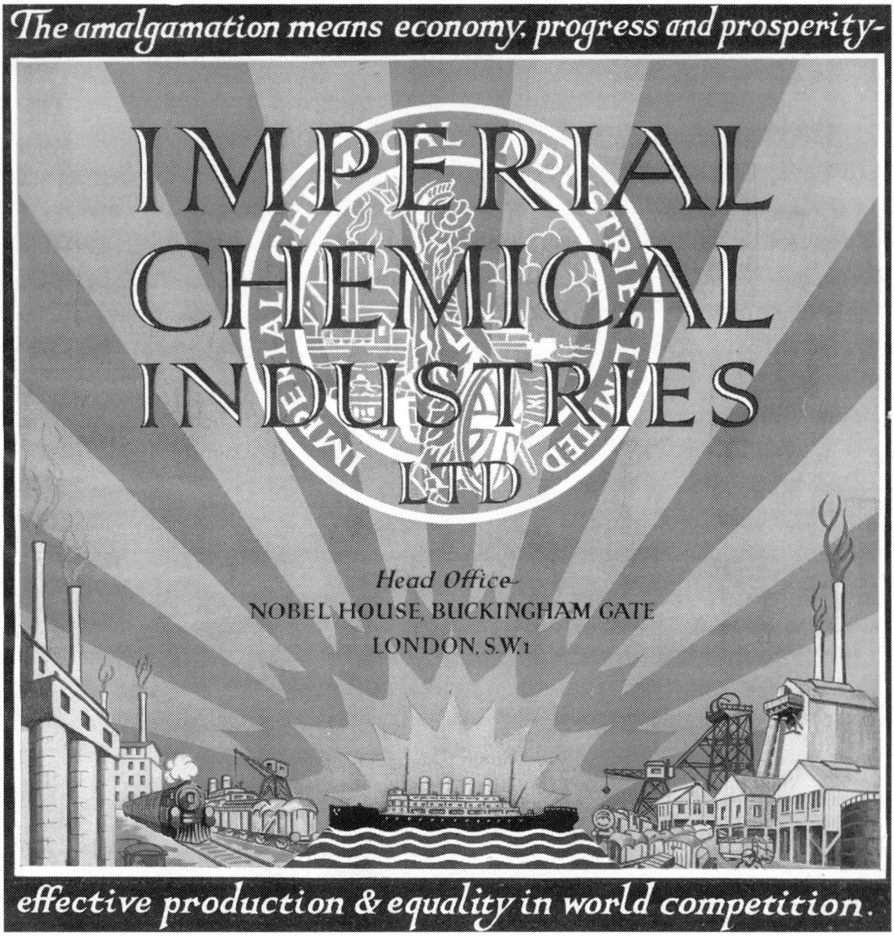

Figure 5.4. Publicité des Imperial Chemical Industries, conglomérat britannique formé en 1926, dont Brunner, Mond & Co est l'une des sociétés formatrices. Par ce biais, Solvay & Cie en devient l'un des principaux actionnaires étrangers avec 6% des actions. (Archives ICI, permission AkzoNobel)

Industries, elle-même le produit d'une série de consolidations qui eurent lieu peu avant la guerre, British Dyestuffs anciennement possédée par l'État, et United Alkali, le groupement des producteurs Leblanc. Pour ces derniers, la fusion est un bon moyen de mettre un terme à leur procédé historique devenu désuet, qui avait encore pu profiter d'un effet d'aubaine durant la guerre.[24] Alfred Mond devient président du Conseil de la nouvelle entreprise « impériale », alors que le directeur général de Nobel Indusries, Harry McGowan, est désigné président exécutif. Tout comme Weber, avec lequel il partage les mêmes origines ouvrières, McGowan est le prototype du manager salarié énergique, expérimenté et incontrôlable. Il deviendra également un autocrate mais un peu plus tard que Weber, au milieu des années 1930, à une époque où les dictateurs sont légion dans l'environnement politique européen. Bien que McGowan soit indéniablement la force motrice d'ICI, c'est bien Alfred Mond qui se charge de la réorganisation complète induite par la fusion. La structure d'ICI est basée sur un plan largement conçu par Mond, où la centralisation et la rationalisation précèdent la diversification.[25]

Après le transfert de sa participation dans Brunner, Mond, Solvay & Cie détient 6% des actions ordinaires d'ICI et devient le plus gros actionnaire du groupe britannique. Mais la transformation laisse un goût amer au groupe belge. Certes, Mond avait été d'une correction extrême envers les gérants de Solvay insistant à plusieurs reprises sur le fait que Brunner, Mond pouvait envisager d'autres coalitions au cas où le plan concocté par Janssen venait à s'écrouler. C'est ce qui ne manqua pas d'arriver. Tout comme six années auparavant avec la formation d'Allied, Solvay & Cie est le témoin, et non l'acteur, de la création d'un grand conglomérat. Le fait qu'Edouard Hannon regrette que les motivations de la fusion « sont plus politiques et nationalistes qu'économiques et rationnelles » ne change rien à la donne : à présent, ICI a les capacités financières pour être compétitif à l'échelle mondiale dans tous les secteurs de l'industrie chimique (y compris les colorants, où les Britanniques sont à la traîne). L'« I.G. britannique », comme l'appelle McGowan en référence à I.G. Farben, dispose même d'une capitalisation plus élevée que son homologue allemand, quoiqu'elle enregistre un chiffre d'affaires plus modeste et comprenne une main-d'œuvre moins nombreuse.[26] Quoi qu'il en soit, l'entreprise est bien armée pour se lancer dans l'industrie chimique internationale.

[24] Aftalion, *Histoire de la chimie*, p. 139.
[25] Reader, *ICI, vol.* 2, pp. 22–23, 133; Chandler, *Scale and Scope*, p. 361.
[26] Hannon, « Politique de Solvay & Cie », pp. 8–9; Cassis, *Big Business*, pp. 36–37.

Un autre élément s'ajoute à la désillusion de Solvay & Cie : la constitution d'ICI implique un bouleversement fondamental dans la structuration des alliances internationales, particulièrement en ce qui concerne les États-Unis. En raison des liens privilégiés entre Nobel et Du Pont, il apparaît comme une évidence que Du Pont va pl'emporter sur Allied dans les négociations anglo-américaines. Solvay & Cie est manifestement contraint d'élaborer une nouvelle stratégie internationale.

LA CRISE COMME HORIZON : SOLVAY & CIE À LA FIN DES ANNÉES 1920

L'échec du « carré magique » est une couleuvre difficile à avaler pour les gérants en général et pour Emmanuel Janssen en particulier. Avec les années, celui-ci avait fini par s'identifier à au projet d'alliance internationale. Maintenant que le château de cartes s'est effondré, il est à la recherche d'un défi à la mesure de son appétit pour les formules de diversification et les combinaisons entrepreneuriales. D'une certaine manière, l'expérience infructueuse parvient à redynamiser son imagination. Il ne part pas de zéro : sa structure de prédilection est – et a toujours été – la Mutuelle Solvay, la banque familiale créée en 1914 en tant que société anonyme.[27] Depuis la fin de la guerre, Janssen a transformé la petite banque privée et en a fait l'épine dorsale financière de Solvay & Cie. À travers la Mutuelle, il a initié la diversification de la S.A. des Fours à Coke Semet-Solvay. En 1921, il entre dans l'industrie de la fabrication du verre avec l'achat de la licence du le procédé Libbey-Owens en Europe. Cette acquisition est une petite révolution pour Solvay & Cie : pour la première fois, la société détient des parts dans une industrie consommatrice de soude. Cela déclenche nombre d'objections parmi les principaux clients de Solvay & Cie dans la verrerie, particulièrement de la compagnie française Saint-Gobain. Cela suscite également des protestations de la part de certains gérants qui voient dans la stratégie d'investissement de la Mutuelle une diversification déguisée de Solvay & Cie. D'après eux, cette démarche va à l'encontre

[27] Cette section et les sections suivantes s'appuient sur Bertrams, Coupain, Homburg, *Solvay*, chapitres 9 et 10.

des principes « tout à l'alcali » insufflés par les pères fondateurs. D'une manière insidieuse, les discussions relatives au portefeuille d'investissement de la Mutuelle s'enchevêtrent dans des questions d'ordre personnel.

En réalité, l'échec de la formation du cartel international dirigé par Solvay & Cie incite Janssen à tenter plusieurs initiatives en même temps. L'une d'entre elles consiste à réorganiser les intérêts de Solvay & Cie chez Allied par le truchement d'un « *voting trust* », une coalition d'actionnaires ayant droit de vote. À travers cet instrument, la Solvay American Investment Company (SAIC), Janssen compte poursuivre l'internationalisation de la Mutuelle en vue de diversifier les sources de son financement. Les sociétés d'investissement comme la SAIC sont légion à l'époque. Rien qu'en 1927, 140 sociétés de ce type sont créées aux États-Unis.[28] Le moins que l'on puisse dire, c'est que les autres gérants, sans parler de Weber, affichent leur scepticisme vis-à-vis de cette initiative. Mais leurs réserves ne suffisent pas à échauder Janssen, que du contraire. Les investissements financiers qu'il effectue via SAIC, dans l'industrie du verre aux États-Unis par exemple, ont des répercussions directes sur le portefeuille industriel de la Mutuelle en Europe. Dans la foulée, il accélère le processus de concentration des investissements de la Mutuelle dans l'industrie française de la chimie et du verre, qu'il transforme en une sorte de holding en 1927. Il procède de la même façon en Belgique l'année suivante. La nouvelle société qui résulte de la fusion de la S.A. des Fours à Coke Semet-Solvay avec une série d'entreprises belges indépendantes de plus petit calibre prend le nom d'Union Chimique Belge (UCB). Elle est active dans différents types d'industries pharmaceutiques et chimiques (à l'exception des alcalis, bien sûr) et son capital est détenu par la Mutuelle à raison de 25%. En 1928, la banque de Solvay & Cie a donc creusé le sillon de la diversification des activités chimiques. D'un autre côté, une partie significative des participations de la Mutuelle, presque la moitié du portefeuille, porte sur les secteurs banquiers et financiers. Les positions industrielles mènent à des montages financiers transnationaux. Tant que les flux de capitaux internationaux s'intensifient,

[28] John Kenneth Galbraith, *The Great Crash of 1929*, New York, Houghton Mifflin, 1954, p. 48.

la combinaison s'apparente à un cercle vertueux de croissance qui génère une « grande richesse ». Mais tout cela repose sur des bases fragiles.

En décembre 1928, Solvay & Cie célèbre son soixante-cinquième anniversaire, l'âge de la retraite. Bien sûr, l'entreprise ne se retire pas mais elle sent peser sur elle la crise du retraité. L'effondrement de la place financière de New York le 24 octobre 1929 interrompt la frénésie pour un temps. Après tout, ce n'est pas le premier krach boursier de l'histoire. Personne n'est en mesure de dire qu'il s'agit là du début d'une longue dépression économique et sociale, qui provoquera presque la mort du capitalisme. En revanche, l'événement est loin de favoriser la construction financière de Janssen. Le déclin et la stagnation du marché américain ont tôt fait d'engendrer l'écroulement du système monétaire international et l'émergence d'une crise mondiale du crédit. C'est loin d'être une surprise : depuis la fin de la guerre, les Américains sont devenus les plus gros bailleurs du monde.[29] Mais en 1931, la crise financière se transforme en une crise économique et sociale d'une magnitude inouïe. La « Grande Dépression », comme on l'appelle aux États-Unis, n'affecte Solvay & Cie que partiellement grâce à sa grande réserve d'actifs. La situation est différente pour l'une des plus importantes banques d'investissement de la Mutuelle, qui, une chose en amenant une autre, se trouve au bord du défaut de paiement. Des réorganisations en profondeur permettent d'éviter la faillite. La Mutuelle cède la plupart de ses investissements non-chimiques à une banque nouvellement créée et entame une cure généralisée sous l'étroite surveillance de Solvay & Cie.[30]

D'importants changements affectent également l'organisation de la gestion de l'entreprise après la mort d'Armand Solvay le 2 février 1930 à la suite d'une longue maladie. Armand a longtemps incarné l'union de la famille. Sa disparition engendre un vide en termes de

[29] Feinstein, Temin, and Toniolo, *European Economy*, pp. 84–87.

[30] La Société Belge de Banque (SBB) est officiellement créée en janvier 1932 à la suite de la cession par la Mutuelle de ses participations financières et bancaires et de la liquidation des actifs bancaires. Après les réformes bancaires majeures de 1934–35, la SBB adopte le profil d'une banque d'entreprise ayant des liens directs avec les Solvay, les Janssen et les Boël. En 1964, la SBB fusionne avec la Banque de la Société Générale de Belgique, actuellement partie du groupe BNP-Paribas-Fortis.

Figure 5.5. Vue aérienne de l'usine de Tavaux peu de temps après sa construction en 1932. Cette soudière, doublée d'une électrolyse, est installée dans le Jura français, loin de la frontière allemande, sur requête du Gouvernement français craignant le déclenchement d'une nouvelle guerre. (Archives Solvay)

leadership que Janssen ne désire pas combler. Depuis 1928, il souhaite se retirer de Solvay & Cie du fait de divergences stratégiques qui l'opposent à certains de ses collègues. En mai 1931, il quitte l'entreprise après avoir attendu la sélection d'un successeur de qualité. Après de longues discussions, le choix se porte finalement sur René Boël (1899–1990). Il faut dire que celui-ci combine toutes les caractéristiques du gérant idéal : il est ingénieur, il a de l'expérience dans l'industrie sidérurgique familiale et, *last but not least*, il est lié aux Solvay car il est le gendre d'Armand. Les gérants ignorent à ce moment que la désignation de René Boël est l'une des meilleures choses que l'entreprise pouvait espérer pour son développement.

Figure 6.1. « Marche de la faim » vers Londres des chômeurs de la ville anglaise de Jarrow, en octobre 1936. Le krach financier de 1929 a de profondes répercussions économiques, sociales et politiques. (© Illustrated London News Ltd / Mary Evans Picture Library)

6

De la crise à la guerre

– Je vois la guerre qui approche (...). Et je ne suis pas le seul dans ce cas. Il y en a des millions comme moi. Des gens ordinaires que je côtoie quotidiennement, des types rencontrés dans les tavernes, des conducteurs d'autobus, des représentants en quincaillerie – tous se rendent compte que le monde va mal. Ils sentent que ça craque de partout, ils ont l'impression que le sol se dérobe sous leurs pieds.

George Orwell
Un peu d'air frais, 1939[1]

– S'il n'y a pas une identité formelle, il n'y en a pas moins une parenté et un lien historiques unissant le communisme (dans sa version stalinienne), le nazisme et le « new-dealisme ». Leurs cadres respectifs sont différents ; ils sont à des stades différents de leur développement, mais ils sont tous trois des idéologies managériale. Ils s'éloignent du capitalisme et évoluent vers la société managériale.

James Burnham[2]

TÉMOIN DE L'AGONIE DU CAPITALISME

Durant l'été et l'automne 1931, un sociologue du nom de Wight Bakke entreprend l'étude du comportement d'ouvriers au chômage à Greenwich, dans la banlieue de Londres. Son enquête repose

[1] George Orwell, *Un peu d'air frais*, Paris, Ivréa, trad. R. Prêtre, 1983 (v.o. 1939), p. 210, cité dans Richard Overy, *The Morbid Age. Britain and the Crisis of Civilization, 1919–1939*, Londres, Penguin, 2009, p. 360.

[2] James Burnham, *L'ère des organisateurs*, Paris, Calmann-Lévy, trad. H. Claireau, 1947 (v.o. 1942), p. 189.

sur des méthodes d'observation participante qui sont alors très en vogue dans le milieu de la sociologie des années 1930. À Greenwich, il remarque un jeune mécanicien à la recherche d'un emploi. Son dynamisme et son expertise parlent pour lui ; il est très optimiste quant à ses chances de réussite. Trois semaines plus tard, l'optimisme de ce jeune ouvrier au chômage commence à s'estomper. Il a répondu à plusieurs petites annonces, rempli les conditions requises, et témoigné d'un enthousiasme à toute épreuve. Mais ses efforts restent vains. Après onze semaines, ses recherches se font moins systématiques. Il est gagné par le doute. Après trois mois de recherches, il se sent déprimé. Il confesse au chercheur que le pire est le manque de perspective, « c'est le désespoir qui vous gagne à chaque pas que vous faites quand vous cherchez un emploi alors que vous savez qu'il n'y en a tout simplement pas ».[3]

L'ouvrier sans emploi de Greenwich n'est pas le seul à exprimer sa méfiance à l'égard du système économique dans son ensemble. Le krach de Wall Street a déclenché une crise monétaire inattendue, qui s'est elle-même soudainement métamorphosée en crise économique et sociale. Au début des années 1930, le monde industrialisé s'engouffre dans une spirale négative d'une violence sans précédent, avec des degrés et des calendriers variés. Les gouvernements nationaux, très enclins à intervenir dans la politique économique dans l'immédiat après-guerre, sont surpris par le choc. Au cours des années 1920, ils ont désespérément tenté de ramener le système économique à la normale, de rétablir la stabilité monétaire en restaurant l'étalon-or et la politique de laissez-faire. Mais ces mesures n'ont pas eu l'effet escompté. Dans un second temps, alors que la récession se confirme, les décideurs politiques adoptent une forme de nationalisme économique, à travers l'instauration de droits de douane élevés et l'introduction de quotas de changes. Mais ces mesures ne tablent que sur le court terme ; elles ne permettent pas d'atténuer la crise. Pire, elles tendent à accélérer sa diffusion et à augmenter son intensité. La récession se transforme en une dépression à l'échelle planétaire. Entre 1929 et 1935, la production industrielle mondiale diminue de 30%, la production de fer et de charbon décline de 40 à 60%, les prix des céréales chutent de 60%,

[3] E. Wight Bakke, *The Unemployed Man. A Social Study*, Londres, Nisbet, 1935, cité dans Feinstein, Temin, et Toniolo (1997), pp. 129–130.

le volume des échanges intra-européens est réduit de moitié.[4] Seul le taux de chômage grimpe en flèche. Pour la première fois, les mots « chômeurs » et « chômage » ne sont pas restreints aux petits cercles des experts sociaux. Bien que les données disponibles pour cette période ne soient pas tout à fait fiables, la plupart des pays atteignent et dépassent des taux de chômage de 20%.[5] En Allemagne et aux États-Unis, un travailleur sur trois est enregistré comme chercheur d'emploi en 1932–1933, les pires années de la crise. Sans surprise, aussi bien Adolf Hitler que Franklin Delano Roosevelt font de l'emploi leur plus grande priorité lorsqu'ils arrivent tous deux au pouvoir en janvier 1933. Il s'agit d'une innovation à tous points de vue. Le système social est le dernier domaine où la politique du laissez-faire avait prévalu jusqu'alors.[6]

Tandis que l'effet de la dépression se fait particulièrement sentir dans les secteurs industriels traditionnels (charbon, métallurgie, textile), l'industrie chimique fait preuve d'une remarquable résilience. Comme nous l'avons mentionné, l'instabilité financière affecte directement le portefeuille d'investissements de Solvay & Cie et incite l'entreprise à réorganiser ses activités bancaires. Mais du point de vue industriel, les conséquences de la dépression sont moins profondes. Bien entendu, cela ne signifie pas que Solvay & Cie soit complètement immunisé contre la crise. Entre 1929 et 1933, la moyenne annuelle des ventes d'alcalis chute de 20%. En termes de production de carbonate de soude, les usines situées stratégiquement pour l'exportation par voie maritime dépassent celles qui sont implantées dans les bassins industriels traditionnels. Ainsi, les usines de Torrelavega et de Rosignano font preuve d'une plus grande résistance que les usines belges et françaises. En effet, Dombasle, Giraud, et Sarralbe n'atteindront leur niveau de production de 1929–1930 qu'après la Seconde Guerre mondiale. C'est la raison pour laquelle, pendant ce temps, Solvay & Cie scrute les alternatives et les opportunités. Peu avant que Dombasle et les autres

4 Ivan T. Berend, *An Economic History of Twentieth-Century Europe*, Cambridge, Cambridge University Press, 2006, pp. 57–63.

5 Charles H. Feinstein, Peter Temin, et Gianni Toniolo, *The World Economy Between the World Wars*, Oxford, Oxford University Press, 2008, pp. 124–5.

6 Kiran Klaus Patel, *Soldiers of Labor. Labor Service in Nazi Germany and New Deal America, 1933–1945*, New York, Cambridge University Press, 2005, pp. 32–9; Richard J. Evans, *The Coming of the Third Reich*, Londres, Penguin, 2003, p. 236.

implantations françaises ne soient frappées par la crise, les gérants décident de créer une nouvelle usine à Tavaux, dans le Jura français. Le gouvernement français met en valeur cette région car elle contribue à rééquilibrer le paysage de l'industrie chimique en France. L'usine de Tavaux s'apprête à devenir la pierre angulaire de la stratégie industrielle de Solvay & Cie en France qui mise sur la soude caustique électrolytique. À bien des égards, Tavaux est à la fois un pari sur l'avenir et la confirmation de décisions prises par le passé. En 1895, Solvay & Cie avait acheté le procédé d'électrolyse au mercure Castner-Kellner et a construit depuis lors quelques unités électrolytiques (à Jemeppe, Lissitchansk et Torda).[7] Mais l'unité mise en service à Tavaux en septembre 1930 témoigne d'un regain d'élan dans l'électrolyse. Non seulement, elle renforce la stratégie de l'entreprise dans la production de soude caustique, mais elle contribue également à relever le défi du chlore au moment précis où la demande pour les produits à base de chlore accusent une forte augmentation.[8]

D'une manière générale, l'impact de la dépression est ressenti moins douloureusement par Solvay & Cie que par ses partenaires I.G. Farben ou ICI. Chez BASF, par exemple, le nombre total d'emplois dans les usines de Ludwigshafen et d'Oppau passe de 24.000 en 1924 à 12.300 en 1932.[9] En dépit du manque de sources, on peut affirmer que le recours au licenciement massif n'est pas pratiqué de la même manière chez Solvay & Cie. Lorsque c'est possible, la direction opte pour une réduction du temps de travail pour pallier la surproduction et l'insuffisance de la demande. Mais ici encore, les cas diffèrent largement d'une usine à l'autre en fonction des conditions nationales. Au vu du nombre et de la cadence des grèves qui ont lieu dans l'entre-deux-guerres (avec des records atteints en 1919 et 1920 et une instabilité générale tout au long des années 1930),[10] la menace d'un profond bouleversement social se fait sentir. C'est la raison pour laquelle les industriels estiment que l'introduction

7 Bertrams, Coupain, Homburg, *Solvay*, chapitre 5.
8 Bertrams, Coupain, Homburg, *Solvay*, chapitre 11.
9 Ray Stokes, "From the I.G. Farben Fusion to the Establishment of BASF AG (1925–1952)", dans Abelshsauser *et al.*, *BASF*, p. 245.
10 Beverly J. Silver, *Forces of Labor. Workers' Movements and Globalization since 1870*, New York, Cambridge University Press, 2003, pp. 125–6, 143–4.

de nouvelles mesures de couverture sociale à destination des travailleurs devient une priorité après la Première Guerre mondiale. Pour Solvay & Cie, le défi réside avant tout dans l'arrimage de sa tradition sociale au contexte politique particulier.

LA RESTAURATION DE LA STABILITÉ INDUSTRIELLE

Solvay & Cie n'a pas attendu l'immédiat après-guerre pour octroyer des avantages sociaux à ses ouvriers et ses employés. Depuis les années 1880, la politique sociale de l'entreprise trouve ses fondements dans un paternalisme d'entreprise en harmonie avec l'air du temps. Cette politique consiste à fournir aux travailleurs de multiples avantages en nature complémentaires à leur salaire (assurance vie, plans de retraite, logement, etc.). En retour, on attend du travailleur qu'il se conforme à la paix sociale. Aux yeux de la direction, les objectifs sous-jacents de cette approche sont de stabiliser et de discipliner le personnel, qui se caractérise par des taux de remplacement élevés. À l'usine de Syracuse de Solvay Process Company, en 1919, un tiers des travailleurs ne sont actifs dans l'usine que depuis trois ans. Dans l'usine de Detroit, cette catégorie ne représente pas moins de 56,35% du personnel. La moitié d'entre eux sont de nouveaux immigrés qui suivent les « écoles d'américanisation » au sein des usines en vue d'apprendre l'anglais et les « valeurs » américaines.[11]

La direction cherche à renforcer la loyauté de son personnel par toute une série de moyens. Comme le fait remarquer un historien, « quand les travailleurs entendent qu'une autre entreprise entre dans un rush saisonnier et offre de meilleurs salaires, ils démissionnent. Si des rumeurs courent qu'un employeur va bientôt procéder à une vague de licenciements, ils n'attendent pas que la nouvelle soit officialisée. Lorsqu'un ouvrier entre en conflit avec son contremaître, il prend la porte s'il a un autre endroit où aller ».[12] Par conséquent, des négociations entre employeurs locaux permettent de désamorcer tout effet de concurrence sur le plan social. L'introduction de

[11] ACS 1271-33-1 A, SPC Report of activities, 12 sept. 1919.

[12] Lizabeth Cohen, *Making a New Deal. Industrial Workers in Chicago, 1919–1939*, New York, Cambridge University Press, 1990, p. 197.

mesures complémentaires au salaire découle fréquemment de telles négociations. À cet égard, l'entreprise prend en compte les modèles sociaux parfois fort différents qui coexistent aux niveaux national ou régional et les intègre à sa politique générale. Les directeurs d'usine jouent un rôle essentiel à cet égard. C'est ainsi que le directeur de l'usine de Donetz, Sigismond Toeplitz, prend l'initiative d'introduire le système des trois-huit dans son établissement en 1897. Au vu de l'augmentation prometteuse de la productivité, la mesure se généralisera plus tard à l'ensemble du groupe Solvay.[13]

La Première Guerre mondiale débouche sur une période de réformes sociales prises en charge par les États. Bon nombre de ces mesures avaient été mises en pratique anticipativement par Solvay & Cie. Comme les autres industriels, les gérants notent avec circonspection la tendance de l'État visant à harmoniser et nationaliser les éléments de politique sociale qui étaient jusque-là du ressort des milieux privées. Les questions les plus débattues ont trait aux relations industrielles, aux conventions collectives et à l'arbitrage de l'État. La coopération pacifique entre travailleurs et dirigeants est alors le maître-mot des discussions. Solvay & Cie voit une telle coopération d'un bon œil à partir du moment où elle est initiée par des représentants des travailleurs directs plutôt que par des syndicats extérieurs. En 1919, le directeur de Dombasle accepte de soutenir « un syndicat exclusivement composé de travailleurs appartenant aux usines Solvay de la région » tout en exprimant le regret « qu'une telle autonomie » n'est pas encore concevable.[14] En Allemagne, DSW doit composer avec la promulgation de la loi relative aux conseils d'entreprises en février 1920, qui institutionnalise les comités de travailleurs ayant pour modèle les *soviets* russes, les conseils de travailleurs et de soldats. Bien entendu, « l'acceptation et l'efficacité des conseils d'usine varient de secteur en secteur, de firme en firme, de directeur en directeur et d'une fois à l'autre. »[15] De ce point de vue, la direction des DSW fait tout ce qui est en son pouvoir pour adapter l'ingénierie sociale de l'État aux mécanismes sociaux propres à l'entreprise. Le « Fonds Ernest et Alfred Solvay », qui avait

[13] Bertrams, Coupain, Homburg, *Solvay*, chapitre 4.
[14] ACS, Procès-verbal de la réunion de gérance, 4 avril 1919.
[15] Fear, *Organizing Control*, p. 426.

été conçu dans les années 1890 comme un plan de retraite pour les ouvriers et les employés voit ainsi son champ d'application étendu. Malgré l'ingérence politique grandissante, la direction générale et les cadres de Solvay & Cie poursuivent un objectif inverse qui consiste à dépolitiser les questions de travail. Au final, cependant, leurs efforts s'avèrent plutôt vains, particulièrement dans les pays qui connaissent un régime dictatorial.

L'ITALIE ET L'ALLEMAGNE, LABORATOIRES DU FASCISME

À partir du début des années 1930, les mécanismes du paternalisme sont supplantés par les principes du corporatisme. Alors que le paternalisme se caractérise par une relation bilatérale entre les travailleurs et la direction, le corporatisme, est un système de multilatéralisme bureaucratique orchestré par l'État. Il implique une relative perte de pouvoir des entreprises au niveau de la mise en œuvre de mesures sociales. En d'autres termes, la direction de Solvay & Cie ne peut désormais plus fixer les conditions de travail au sein de l'entreprise mais doit négocier et se coordonner avec tout un réseau d'organismes extérieurs. L'organisation corporatiste menée par l'État atteint son apogée en Italie sous l'impulsion de Benito Mussolini. Le régime fasciste promulgue une Charte du travail dès avril 1927. Néanmoins, la structure corporatiste ne régira pas la dynamique politique, sociale et économique du pays avant le milieu des années 1930. En Italie, Solvay & Cie s'appuie sur des délégués au sein de la Corporation de l'Industrie Chimique, l'une des vingt-deux corporations créées par le Conseil National des Corporations. À travers le projet corporatiste, Mussolini tente non seulement de sortir de la crise, la « *grande depressione* », qui est très intense dans l'industrie italienne, mais il cherche également à établir une « troisième voie » entre le communisme et le capitalisme, une nouvelle architecture économique qui serait compatible avec l'interventionnisme d'État, l'autarcie et une (certaine) marge de manœuvre des milieux privés.[16]

[16] Alessio Gagliardi, *Il corporativismo fascista*, Rome, Laterza, 2010, pp. 70–3; Alberto De Bernardi, *Una dittatura moderna. Il fascismo come problema storico*, Milan, Mondadori, 2006, pp. 179–81.

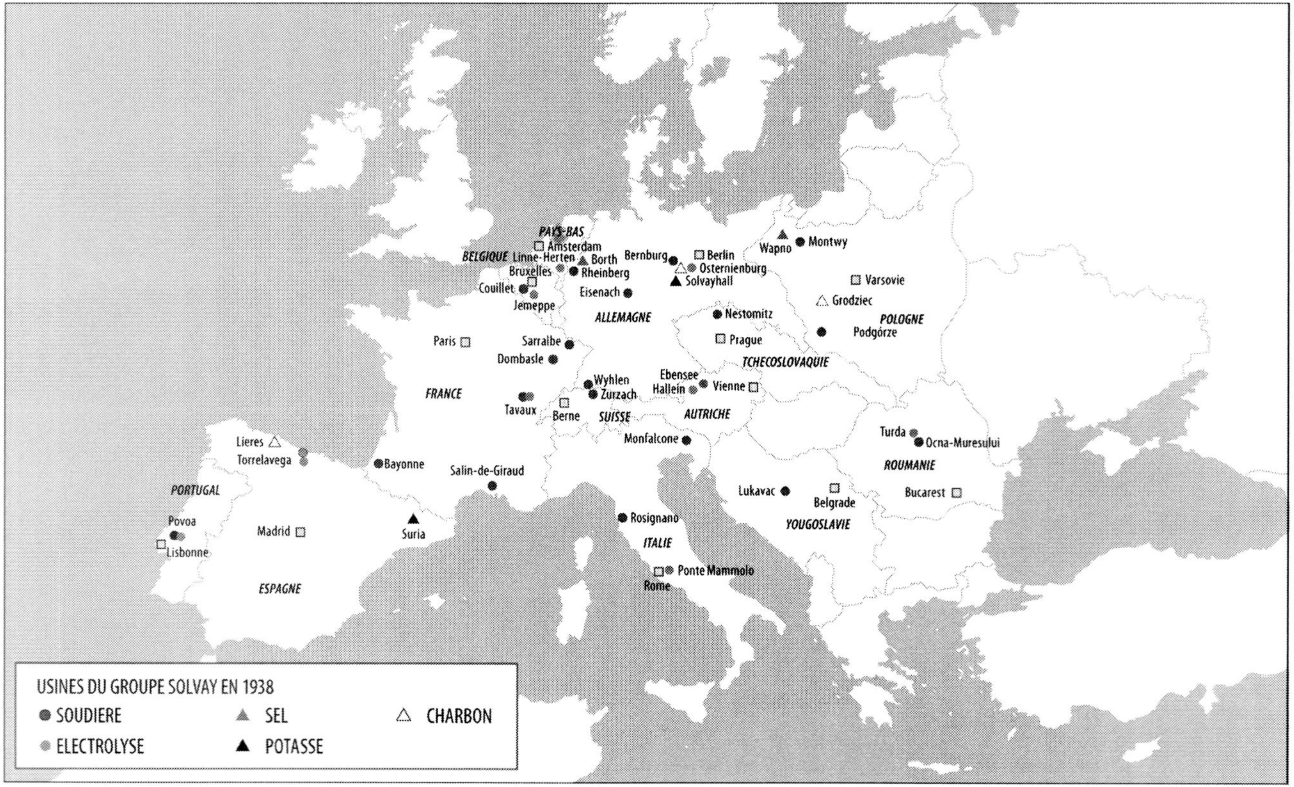

Figure 6.2. Carte des usines Solvay en 1938.

Le fascisme italien a conduit l'interventionnisme d'État vers des sommets. D'un autre côté, il n'est que le reflet d'une tendance plus générale à laquelle on assiste dans l'Europe entière et, dans une certaine mesure, aux États-Unis.[17] Avec la création d'entreprises dont l'État est l'unique propriétaire, l'introduction de la planification d'État ouvre la voie à la nationalisation des secteurs industriels et financiers affectés par la crise. Influencé par le plan quinquennal russe ainsi que par l'idéologie de la technocratie et du management scientifique à l'américaine, le leader socialiste belge, Hendrik De Man, mène avec vigueur une campagne politique pour l'adoption du Plan du Travail aux élections législatives belges de 1933.[18] À Bruxelles, les gérants sont préoccupés par l'accroissement des politiques interventionnistes en Europe, qu'ils associent à une forme de dirigisme digne de Colbert, le ministre des Finances de Louis XIV. Au début de l'année 1932, déterminé à réorganiser la politique sociale de l'entreprise, Louis Solvay crée une sorte de chambre de réflexion, la Maison Ernest Solvay, qui agit comme un comité de supervision de la politique sociale de l'entreprise. Les membres de ce « *brain trust* » réuni par Louis Solvay souhaitent en apprendre davantage sur l'organisation fasciste de l'économie. Ils s'adressent alors au directeur de l'usine de Rosignano, Clément Van Caubergh, pour en savoir plus. Le corporatisme, leur répond-il, n'a certainement pas pour objectif la « défense des intérêts de l'industrie », c'est un moyen de garantir une relation pacifique entre les travailleurs et la direction. « La méthode totalitaire italienne », poursuit Van Caubergh, « repose sur le principe que l'intérêt individuel doit être supplanté par l'intérêt général ». Bien qu'il ait l'impression que l'organisation corporatiste serait très bénéfique pour une entreprise comme Solvay & Cie, Van Caubergh ne recommande néanmoins pas son transfert vers d'autres « latitudes politiques ». En fait, l'organisation corporatiste « ne peut se développer efficacement que là où il n'y a pas de rivalité entre les partis politiques, pas de

[17] Wolfgang Schivelbusch, *Three New Deals*. Reflections on Roosevelt's America, Mussolini's Italy, and Hitler's Germany, 1933–1939, New York, Picador, 2006.

[18] Zeev Sternhell, *Ni gauche, ni droite. L'idéologie fasciste en France*, Bruxelles, Complexe, 1987, pp. 331–57; Mario Telò, *Le New Deal européen. La pensée et la politique sociales-démocrates face à la crise des années trente*, Bruxelles, Editions de l'ULB, 1988, pp. 101–10; Vinen, *History in Fragments*, pp. 165–7.

Figure 6.3. Char folklorique décoré de symboles fascistes, lors de la « Festa dell' Uva » (fête de la vigne) organisée dans le village de Rosignano-Solvay (1933). (Archives Solvay)

compromis, et où un gouvernement se sent assez puissant pour faire appliquer ses lois, ce qui donne aux syndicats officiels le pouvoir et la tranquillité dont ils ont besoin ».[19]

En dépit de son organisation tentaculaire, le modèle d'interventionnisme fasciste ne pèse pas lourd à côté de son homologue allemand.[20] Le terme qui correspond le mieux au régime de Hitler est celui d'intrusion d'État. La réorganisation de l'économie sous le régime nazi est d'autant plus radicale qu'elle émane d'une « transformation organique profonde », comme le qualifie le directeur des DSW, Ernst Eilsberger, dans un rapport qu'il envoie à la Maison Ernest Solvay en 1935. Parmi les différents constats qu'il dresse du

[19] Pour ce passage et d'autres citations, voir Bertrams, Coupain, Homburg, *Solvay*, chapitre 12.

[20] Adam Tooze, *The Wages of Destruction. The Making and Breaking of the Nazi Economy*, Londres, Penguin, 2006, pp. 37–49.

programme socio-professionnel hitlérien, Eilsberger pointe la suppression immédiate de tous les syndicats et de toutes les associations de travailleurs qui existaient avant 1933 et leur remplacement par un seul organisme, le Front allemand du travail, seule structure tolérée. Le régime nazi approuve également des « communautés de travail », dont la loyauté est incontestée, contrairement aux comités créés au début de la République de Weimar. Ces communautés sont dirigées par les « chefs d'usines » (*Führer des Betriebes*) de manière très hiérarchique. Neuf *Betriebsführers* sont désignés chez DSW ; ils représentent l'ensemble des unités administratives de l'entreprise. Bien que la direction des DSW ait la mainmise sur le contrôle du personnel, tout et tout le monde doit se conformer aux prescriptions de style militaire imposées par les lois nazies. Parmi une variété d'ordonnances introduites par l'antenne locale du Front du travail allemand, compétente pour l'usine de Bernburg, on peut lire ceci : « Promouvoir chez tous les hommes productifs la conception la plus claire sur la nature et l'objectif de notre révolution universelle, c'est-à-dire, augmenter la joie de vivre et de travailler, transformer le travailleur passif et sans vie à l'usine en un travailleur allemand honnête, libre et joyeux ; voici les tâches de nos groupes d'usines ». Sans surprise, l'ingérence de l'État nazi déborde des frontières du travail. Il fait de la capture des loisirs de la classe ouvrière l'une des priorités du régime. Mussolini s'était une fois de plus distingué dans ce domaine en mettant sur pied des associations de loisirs officielles en 1925 (*dopolavoro*). Il en va de même pour le programme nazi « *Kraft durch Freude* » (« la force à travers la joie »), dont le libellé ironique n'est pas sans évoquer le tristement célèbre « *Arbeit macht frei* » (« le travail rend libre ») gravé sur les portes du camp d'extermination d'Auschwitz-Birkenau.[21]

En réalité, ces mesures sont concrètement mises en œuvre dans les usines allemandes et italiennes du groupe Solvay. Les directeurs d'usine s'efforcent d'y légitimer les réformes en cours. Aux DSW par exemple, Eilsberger éprouve des difficultés à établir une relation de continuité entre la tradition sociale de Solvay et les principes de l'Ordre Nouveau de Hitler appliqués à l'usine. Le problème, nul ne l'ignore, est que les DSW sont ultra-majoritairement contrôlées

[21] Vinen, *History in Fragments*, pp. 169–70.

par du capital non allemand. Eilsberger, dès lors, doit jouer les équilibristes en expliquant aux travailleurs que, malgré la nationalité belge de ses actionnaires, les DSW sont dirigées par des Allemands et « conformément à l'esprit allemand ». Et d'affirmer que les ouvriers, les employés et les directeurs actifs aux DSW « peuvent donc fièrement lever la tête en tant qu'Allemands et réfuter en toute connaissance de cause les opinions étriquées qui prétendent faire de nous une entreprise étrangère ». Il est difficile de dire dans quelle mesure une telle rhétorique a pu convaincre les travailleurs. Toute expression de mécontentement est interdite et violemment réprimée. Analysant l'organisation sociale et économique de l'Allemagne nazie, un délégué du Comité des Industriels Belges résume la contradiction. « Il y a une atmosphère d'enthousiasme incontestable qui entoure les activités organisées par le Front allemand du travail », écrit-il en octobre 1936. D'une autre côté, insiste-t-il, « ces résultats ne sont pas obtenus sans surmonter des difficultés ; ils requièrent parfois l'adoption de mesures disciplinaires extrêmement sévères (licenciement de directeurs, suppression de personnel, déportation dans des camps de concentration) ». C'est une description édulcorée de la réalité. Peu de temps après, la politique sociale de Hitler devient plus raciale que sociale. Les ennemis biologiques de la « communauté nationale » allemande doivent être supprimés, un point c'est tout.[22]

1936: LE PRÉLUDE ESPAGNOL

Avec le recul, il semble que la guerre civile qui éclate en Espagne à l'été 1936 est une sorte de répétition générale de la Seconde Guerre mondiale. La guerre civile espagnole incarne les tensions politiques et l'agitation sociale qui font trembler l'Europe à partir du début des années 1930. Elle représente l'évènement à l'égard duquel les reliques de l'ordre international d'après-guerre s'avèrent impuissantes. Enfin, c'est un symbole universel de la dérive politique qui sépare le monde en deux camps irréconciliables. « Jamais, depuis la Révolution Française », écrit un poète anglais, « il n'y a eu une question étrangère qui a divisé si profondément l'opinion britannique

[22] Mazower, *Dark Continent*, pp. 99–102.

éclairée ».[23] Par conséquent, la guerre civile espagnole est un prologue à la Seconde Guerre mondiale. Des partisans de l'ordre moral, de la stabilité et de l'Église approuvent la cause nationaliste du général Francisco Franco, dont le pouvoir sort renforcé après un coup d'État manqué commis le 17 juillet 1936. De l'autre côté, on retrouve un vaste mouvement antifasciste qui soutient le gouvernement républicain officiel. En dehors de l'Espagne, des individus de différents milieux se lancent avec ferveur dans une campagne de soutien à la République. Celle-ci se traduit par l'envoi de volontaires sur les champs de bataille, la célèbre Brigade Internationale, ou par la diffusion d'une littérature politiquement engagée, du genre de celle que produisent Ernest Hemingway, George Orwell ou encore André Malraux.

L'instabilité politique de l'Espagne n'est pas inconnue des gérants de Solvay & Cie. Depuis 1930 et la fin de la dictature militaire, des émeutes et des protestations ont lieu à l'usine de Torrelavega tout comme dans d'autres régions du nord. Les troubles les plus sérieux éclatent en octobre 1934 au début de la « révolution » des mineurs d'Asturies. Torrelavega est le théâtre d'une violente confrontation entre les autorités locales et les anarchistes, qui aboutit à l'exclusion de 221 « agitateurs », c'est-à-dire pas moins de 25% de la main-d'œuvre de l'usine.[24] Dès lors, Torrelavega, subit un « nettoyage politique » bien avant le déclenchement de la guerre civile. Lorsque les troupes de Franco occupent la région en août 1937, personne ne manifeste d'opposition et l'usine reprend immédiatement ses activités sous l'étroite surveillance des rebelles nationalistes. Ce n'est pas le cas à Suria, l'autre usine de Solvay & Cie, située en Catalogne. Les mines de potasse de Suria avaient été achetées pour des raisons stratégiques en 1919 après de longues négociations avec des concurrents français et américains. La production n'avait débuté qu'en octobre 1921 à la suite d'investissements substantiels. Le moins que l'on puisse dire est qu'il ne s'agit pas de l'usine la plus rentable de la société. Dès que la guerre civile éclate, les ouvriers de Suria

[23] Cité dans Overy, *Morbid Age*, p. 320.

[24] Ángel Toca, *La introducción de la gran industria química en España. Solvay y su planta de Torrelavega (1887–1935)*, Santander, Universidad de Cantabria, 2005, pp. 258–60.

Figure 6.4. Ouvriers au travail dans la mine de potasse de Suria, localisée dans l'arrière-pays de Barcelone. En surface, la guerre civile espagnole fait rage entre 1936 et 1939. Suria est en zone républicaine, alors que la soudière de Torrelavega se trouve en zone nationaliste. (Archives Solvay)

manifestent des signes d'insurrection de plus en plus appuyés. Le directeur belge de l'usine, Norbert Fonthier, doit être évacué avec plusieurs membres du personnel.[25]

Au vu de l'ampleur de l'incident de Suria, le problème prend une tournure politique. Inquiets des conséquences éventuelles d'une nationalisation, les gérants mobilisent les relais diplomatiques officiels. À l'époque, le gouvernement belge adopte un régime de neutralité politique, qui se caractérise par une ligne non interventionniste en ce qui concerne l'Espagne. Sous la pression des industriels belges, qui soulignent l'importance de leurs intérêts en Espagne, le gouvernement révoque sa position initiale et opte pour la reconnaissance officielle du régime de Franco. L'aboutissement a lieu en novembre 1938, à la suite d'un discours enflammé du Premier ministre et ministre des Affaires Etrangères, Paul-Henri Spaak, au

[25] Voir Bertrams, Coupain, Homburg, *Solvay*, chapitre 11.

Sénat. En janvier 1939, les troupes de Franco marchent sur la région de Barcelone. Cet événement précipite la fin de la guerre. L'usine de Suria reprend du service après une longue interruption. Les deux usines Solvay & Cie évitent de justesse la nationalisation. Cependant, comme Solvay & Cie le découvrira rapidement, le problème du séquestre, c'est-à-dire, la confiscation à travers la détention militaire, allait se poser à maintes reprises dans les mois à venir.

LA GRANDE ALLEMAGNE DE HITLER

Le 11 mars 1938, le chancelier autrichien Kurt von Schuschnigg est évincé et remplacé par son ministre de l'Intérieur, notoirement favorable aux nazis. Des mois durant, Hitler a lancé une campagne en vue de gagner le cœur et l'esprit de ses « amis » autrichiens et de jeter les bases de l'annexion de l'Autriche par l'Allemagne, l'*Anschluss*. À Vienne comme dans le reste du pays, les banderoles de propagande martèlent les citations du *Führer* – « Ceux d'un même sang appartiennent au même Reich! »[26] La gestion de Solvay & Cie entend bien réagir rapidement. La direction générale du groupe Solvay-Verein en Europe Centrale est transférée de Vienne à Prague. Mais l'opération ne procure que quelques semaines de répit. L'*Anschluss* est la première étape de l'hégémonie totale de Hitler sur l'Europe. En octobre 1938, les troupes allemandes marchent sur la région des Sudètes en Tchécoslovaquie, où est située l'usine de Nestomitz de la Solvay-Werke. Comme par coïncidence, la puissante I.G. Farben sollicite une autorisation pour l'acquisition des usines possédées par le Verein d'Aussig. Le Verein affiche une résistance inattendue mais finit par transférer le contrôle de ses usines à une entreprise allemande créée pour l'occasion. I.G. Farben perd le contrat mais promet de réitérer l'expérience.[27] L'atmosphère politique pour les entreprises étrangères est oppressante. Comme ils l'ont fait pour le cas espagnol quelques mois auparavant, les gérants plaident leur cause auprès de la diplomatie belge. Après tout, Solvay & Cie

[26] Cité dans Mark Mazower, *Hitler's Empire. Nazi Rule in Occupied Europe*, Londres, Penguin, 2008, p. 51.

[27] Peter Hayes, *Industry and Ideology. I.G. Farben in the Nazi Era*, New York, Cambridge University Press, 1987, pp. 238–9.

détient 15,4% des parts du Verein, une participation qui fait de la Belgique le plus important investisseur étranger dans l'industrie chimique tchécoslovaque.[28] Les inquiétudes formulées par les gérants ne rencontrent guère d'écho ; la communauté internationale est alors aveuglée par les promesses de Hitler consistant à résoudre par la voie diplomatique le sort des minorités allemandes à l'étranger. Ainsi, lorsqu'il offre à la Tchécoslovaquie un système de « protection » en mars 1939, Hitler ne rencontre aucune opposition de la part des gouvernements de l'Europe de l'Ouest. Les Tchèques sont alors à la merci du régime nazi.

Le renforcement du pouvoir nazi a des répercussions directes sur les DSW. Depuis 1937, deux hommes proches du régime, Rüdiger Graf von der Goltz et Carl Adolf Clemm, ont gravi les échelons de la hiérarchie de l'entreprise. En janvier 1939, Carl Adolf Clemm est nommé président du Conseil Exécutif des DSW (*Vorstand*), alors que Rüdiger Graf von der Goltz est nommé membre de son Conseil de Surveillance (*Aufsichtsrat*), qui a, entre-temps, été « germanisé ». Le processus de « germanisation » des Conseils de direction est complémentaire aux lois nazies d'aryanisation d'inspiration biologique, lesquelles cherchent à éliminer les « non-aryens » des fonctions d'abord publiques et ensuite privées. Depuis 1938, l'aryanisation s'intensifie, se concentrant surtout sur l'éviction des juifs des activités commerciales. Le délégué tchèque du Verein à l'usine d'Ebensee, Victor Basch, est victime de cette discrimination officielle. Ce n'est certainement pas un cas isolé. L'intensification de cette politique d'exclusion incite les gérants à envoyer à Zürich Eudore Lefèvre, leur homme-clé dans la région, qui parvient à mener à bien les intérêts de Solvay & Cie en Europe du Sud-Est pendant la guerre. D'un autre côté, ils confient davantage de responsabilités au directeur général de DSW, Adolf Clemm, afin qu'il assure le contrôle des intérêts de l'entreprise en Europe de l'Est. Ils estiment alors que le rayon d'action de Clemm se limitera aux usines situées en Autriche et en Tchécoslovaquie. Mais ils se trompent. Le 1er septembre 1939, l'armée de Hitler envahit la Pologne. Seize jours

[28] Alice Teichova, *An Economic Background to Munich. International Business and Czechoslovakia, 1918–1938*, Cambridge, Cambridge University Press, 1974, pp. 279–81.

Figure 6.5. Après l'annexion (*Anschluss*) de l'Autriche par l'Allemagne en 1938, Vienne est sous contrôle nazi. Les recompositions géopolitiques au cœur de l'Europe ne cessent d'influer sur le développement du groupe Solvay. (Mary Evans Picture Library / Robert Hunt Collection)

plus tard, conformément à la signature secrète du pacte Molotov-Ribbentrop, l'armée rouge pose pied sur le territoire polonais par l'est.

Les usines de la Zakłady Solvay en Pologne se trouvent donc dans ce que l'historien Tim Snyder appelle les « terres de sang » (*bloodlands*), un large territoire de l'Europe centrale et orientale qui subit, coup sur coup, les massacres de masse perpétrés par Hitler et Staline. Les usines de Matwy (au sud d'Inowrocław) et de Podgórze sont toutes deux à l'ouest de la délimitation de Molotov-Ribbentrop, où « les juifs sont sous le contrôle de Hitler depuis un bon moment mais ne seront tués que par après »[29] Dans les premières semaines de l'attaque nazie, l'occupation d'Inowrocław donne lieu à des arrestations, des expulsions et au massacre de nombreux habitants. Mais le pire se produit après juin 1941, qui coïncide avec l'invasion complète de la Pologne par les troupes de Hitler et la révocation du pacte germano-soviétique. De décembre 1942 à août 1943, l'usine de Matwy se transforme en camp de travail forcé pour juifs où des milliers d'hommes perdent la vie. En Galicie, au sud de la ville de Cracovie, l'usine Solvay de Podgórze traite du calcaire, qui provient d'une carrière toute proche qui a recours à de la main-d'œuvre forcée provenant du camp de travail de Plaszow. En 1993, la carrière en question servira de site de tournage et le camp, de modèle de référence, pour le célèbre film de Steven Spielberg, « La liste de Schindler. »[30] En dehors des « terres de sang », des sites qui rappellent l'horreur de la guerre croisent également l'histoire de Solvay. Parmi ceux-ci, on retrouve le camp de concentration d'Ebensee en Autriche, près de l'usine détenue conjointement par Solvay et le Verein d'Aussig jusqu'à l'*Anschluss*. Près de 27.000 détenus sont emprisonnés au camp d'Ebensee ; un tiers d'entre eux perdent la vie à la suite de conditions de travail inhumaines.[31]

[29] Timothy Snyder, *Bloodlands. Europe between Hitler and Staline*, New York, Basic Books, 2010, pp. 117–8, 253.

[30] Je dois cette information aux notices disponibles sur Wikipedia (consultation le 19 avril 2012).

[31] Voir Florian Freund, *Die Toten von Ebensee. Analyse und Dokumentation der im KZ Ebensee umgekommenen Häftlinge, 1943–1945*, Dokumentationsarchiv d. Österr. Widerstandes, Vienne, 2010.

L'ÉCONOMIE SOUS L'OCCUPATION

Lorsque les troupes de Hitler envahissent la Belgique en 1940, en même temps qu'elles écrasent le Luxembourg et les Pays-Bas, la population ressent comme un sentiment de déjà-vu. « Deux fois en une seule génération, c'est un peu rude », écrit l'homme politique britannique Hugh Dalton ; « une fois de plus, comme vingt-cinq ans auparavant, les mains allemandes tirent les leviers qui libèrent le Vaisseau de la Mort ».[32] Cependant, l'impression est trompeuse: 1914 n'a pas grand-chose à voir avec 1939–1940. Ainsi, si l'on porte son attention sur l'occupation de la Belgique, il ne fait aucun doute que les différences l'emportent sur les similitudes. Tout d'abord, l'expérience de guerre de l'Allemagne permet aux autorités occupantes de ne pas commettre les erreurs du passé. Un principe de base, issu de la stratégie de « guerre-éclair » mise au point par l'état-major de Hitler, consiste à promouvoir la collaboration avec la population locale et à encourager un partenariat avec les animateurs de l'économie nationale.[33] Ensuite, le programme humanitaire à grande échelle lancé par Solvay et Heineman et organisé par Francqui et Hoover durant la Première Guerre mondiale – le Comité National de Secours et d'Alimentation et son équivalent américain, le Committee for Relief in Belgium (voir chapitre 4) – ne peut pas être reproduit. Winston Churchill est résolument déterminé à maintenir un blocus sur le continent. Ce paramètre et bien d'autres traversent l'esprit d'Ernest-John Solvay lorsqu'il analyse la situation avec l'acteur économique principal du pays, Alexandre Galopin. D'une certaine manière, les industriels belges sont laissés dans le flou quant à la façon dont ils doivent procéder en temps de guerre. Avant leur exil à Londres, les membres du gouvernement ont donné des instructions qui font l'objet d'interprétations contradictoires. En tant que dirigeant de la puissante Société Générale de Belgique, Alexandre Galopin justifie la reprise du travail comme moyen d'éviter la famine de la population et l'imposition du

[32] Cité dans Overy, *Morbid Age*, p. 314.

[33] Alan S. Milward, *War, Economy, and Society, 1939–1945*, Berkeley, University of California Press, 1977, pp. 132–3.

Figure 6.6. Ernest-John Solvay et René Boël, les deux gérants de Solvay & Cie respectivement en charge des relations avec les autorités du monde occupé et avec celles du monde libre durant la Seconde Guerre mondiale. (Archives Solvay)

travail forcé.[34] Ernest-John Solvay entend bien suivre cette ligne de conduite, qui a assurément réduit le nombre de travailleurs forcés, mais n'a pas pour autant supprimé le recours au travail forcé en général, par exemple aux usines de Bernburg, Rheinberg ou encore Hallein.

Organiser administrativement l'occupation est une chose, avoir son mot à dire dans les décisions d'affaires en est une autre. Ernest-John Solvay est rapidement informé du fait que le directeur des DSW, Adolf Clemm, est promu « administrateur » (*Verwalter*) des intérêts de Solvay & Cie dans les territoires occupés. En outre,

[34] Herman Van der Wee et Monique Verbreyt, *A Small Nation in the Turmoil of the Second World War*, Louvain, Leuven University Press, 2009, pp. 100–3; Patrick Nefors, *La collaboration industrielle en Belgique, 1940–1945*, Bruxelles, Racine, 2006, pp. 5–10, 29–38.

Helmut Eilsberger, fils du président du Conseil de Surveillance des DSW, Ernst Eilsberger, reçoit un mandat spécial pour la production de soude en zone française. La « supervision » allemande des intérêts de Solvay & Cie repose donc entre les mains de la direction supérieure des DSW. Mais dans quelle mesure des individus comme Clemm, Eilsberger junior et von der Goltz resteront-ils utiles et loyaux à l'entreprise? Cette question lancinante pour Ernest-John Solvay se transforme en préoccupation concrète au moment où une vieille connaissance de Solvay & Cie manifeste son intérêt pour l'absorption de ses filiales et de ses intérêts à l'étranger. I.G. Farben, comme nous le savons, lorgnait depuis plusieurs mois sur les possessions de Solvay en Europe du Sud-Est, contrôlées conjointement avec le Verein. Maintenant que le Verein est réduit au silence et que Solvay est « administrée » par les Allemands, I.G. Farben estime le moment opportun pour tenter une nouvelle fois sa chance. Or, contre toute attente, le groupe chimique échoue derechef. Von der Goltz et Clemm ont mobilisé leurs réseaux politiques afin de les persuader d'empêcher le puissant conglomérat de devenir une menace réelle pour les autres entreprises chimiques allemandes. Derrière Goltz et Clemm, un troisième protagoniste, au profil relativement controversé tire les ficelles – le directeur de la Deutsche Bank et nouveau membre du Conseil de Surveillance des DSW, Hermann Josef Abs. Pour des motifs de stratégie économique, Abs préconise la prudence et la sobriété lorsqu'il s'agit d'organiser la pénétration de capital allemand en Europe de l'Ouest.[35] Quelle que soit la nature des négociations, la campagne porte ses fruits et le risque d'absorption est évité. L'ensemble des intérêts de Solvay & Cie et de DSW sont protégés par une forme de « politique non interventionniste » garantie par le ministre de l'Economie et des Affaires Etrangères du Reich.[36] Peu de temps après, Ernest-John Solvay se voit engager un combat relativement similaire en Italie en vue de préserver l'autonomie du groupe. Avec l'aide de certains concurrents, l'entreprise chimique Montecatini s'échine à s'approprier les intérêts italiens de Solvay & Cie.[37] Au final, grâce à l'odyssée

[35] Tooze, *Wages of Destruction*, pp. 390–1.
[36] Hayes, *Industry and Ideology*, p. 276.
[37] Voir Bertrams, Coupain, Homburg, *Solvay*, chapitre 12.

d'Ernest-John Solvay au sein du vortex de la bureaucratie fasciste qui le conduira jusqu'à Mussolini en personne, l'opération de nationalisation instiguée par Montecatini vire au fiasco. L'épisode est sans conséquences pour Solvay & Cie mais il n'en illustre pas moins les effets de l'immixtion naturelle entre politique et économie dans les régimes dictatoriaux.

PENDANT CE TEMPS, DE L'AUTRE CÔTÉ DE L'OCÉAN...

René Boël n'est pas conscient du système de *Verwaltung*, ni des tentatives hostiles de prise de pouvoir auxquelles Solvay & Cie doit faire face. En fait, il ne passe pas la guerre avec ses collègues en Belgique occupée. Il consacre la plupart de son temps de « gérant en exil » à réorganiser les réseaux outre-Atlantique de Solvay et à les conformer au règles mises en place par les Alliés. Cela dit, lorsqu'il débarque en Angleterre en juin 1940, son premier réflexe n'est pas de pas se pencher sur la situation de Solvay & Cie. Attaché au cabinet du ministre belge des Finances (en exil), Camille Gutt, Boël est chargé de superviser divers accords commerciaux et industriels conclus entre les Alliés et la Belgique occupée. Il se rend compte à cette occasion de ce que Solvay & Cie est également menacée en Grande-Bretagne, où l'entreprise est considérée comme propriété de l'ennemi. Avec l'aide de ses partenaires d'ICI, Boël parvient à éviter que le capital de Solvay en Grande-Bretagne ne tombe sous le coup de la « Loi sur le commerce avec l'ennemi » (« *Trading with the Enemy Act* »). Par ailleurs, il se méfie encore davantage de l'attitude américaine à cet égard. Durant la Première Guerre mondiale, les « associés » américains avaient saisi l'opportunité d'un « conflit européen » pour revendiquer leur indépendance. Qui plus est, avec un Orlando Weber toujours actif dans les rouages d'Allied, le pire est prévisible. Déjà en 1934–35, Boël avait fait équipe avec deux conseillers juridiques expérimentés, John Foster Dulles et George Murnane, pour déloger le manager incontrôlable. La manœuvre fut longue mais s'avéra efficace à terme. Weber fut obligé de démissionner de son poste de président exécutif. Sans surprise, cet affront aviva une profonde rancœur à l'égard des gérants. Peu de temps avant l'invasion de la Belgique, en avril 1940, Weber organisa un putsch au Conseil d'Administration d'Allied en dénonçant le comportement « non-américain » des représentants de Solvay & Cie. Boël est alors contraint de se rendre en urgence à New York et de résoudre le problème sur-le-champ, ce qu'il parvient à faire. Or, depuis que la Belgique est occupée, Boël s'attend à un autre coup dont Weber a le secret. C'est dans ce contexte mouvementé qu'il décide de quitter Londres et de rendre une visite de courtoisie à ses partenaires américains en octobre 1940.

Contrairement à ses attentes, cependant, aucun complot n'est à signaler. Au contraire, l'association créée par Boël en avril 1940 est toujours solidement établie. D'un autre côté, Boël est frappé par le poids écrasant de l'atmosphère nationaliste ; elle incite Foster Dulles à conseiller au gérant de faire profil bas durant son séjour aux États-Unis. L'activité du « gérant en exil » est alors tiraillée en deux pôles contradictoires. Elle consiste, d'une part, à oeuvrer dans les coulisses, et d'autre part, à s'efforcer d'obtenir la reconnaissance juridique de sa position de gérant de Solvay & Cie sur les territoires échappant à l'occupation allemande. Dans un second temps, Boël exerce un contrôle de direction sur les usines Solvay situées en pays neutres en Europe (Espagne, Portugal, Suisse). Enfin, son ultime objectif est résolument tourné vers l'avenir. En partenariat avec ICI, Boël exhorte Solvay & Cie à démarrer une usine au Brésil, un pays qui jouit alors d'une croissance surprenante. L'accord, encore fragile au milieu des années 1940, constitue les prémices d'un redéploiement à grande échelle de Solvay dans le commerce international des alcalis et des produits chlorés d'après-guerre.

Globalement, la double expérience de guerre de Solvay & Cie a engendré des perceptions relativement opposées : une vision centrée sur une Europe occupée par l'Allemagne, d'une part, et une vision dominée par le prisme anglo-américain, de l'autre. Réconcilier ces deux approches apparaît comme une gageure. Solvay avait été le témoin de l'émergence d'un nouveau monde après la Première Guerre mondiale. Le second après-guerre, quant à lui, laisse augurer de bien sombres perspectives.

Figure 7.1. Solvay est la première entreprise à produire et à commercialiser des bouteilles en plastique pour eau minérale non gazeuse. (Archives Solvay)

7

La reconstruction par la diversification

– *Cette guerre n'est pas comme la précédente. Quiconque occupe un territoire y impose son propre système social. Tout le monde impose son système social aussi loin que son armée peut aller. Il ne peut en être autrement.*

Joseph Staline[1]

– Vice-président Nixon: *Il n'y a pas qu'une seule décision prise au sommet dans un bureau du gouvernement (...). Nous avons de nombreux fabricants différents ainsi que bon nombre de machines à lessiver de sorte que la ménagère a le choix (...). Ne serait-il pas mieux de faire jouer la concurrence sur les mérites relatifs de nos machines à lessiver plutôt que sur la force des missiles ?*

– Premier Secrétaire Khrouchtchev: *Oui, mais vos généraux disent : « Nous voulons rivaliser en missiles ». Nous pouvons vous battre.*

Nixon-Khrouchtchev « Kitchen Debate »
Exposition commerciale de Moscou, juin 1959[2]

LA RECONFIGURATION DE L'ALLEMAGNE D'APRÈS-GUERRE

La libération de l'Europe par les Alliés marque la fin de l'une des pages les plus noires de l'histoire. Autrefois déployé sur un territoire s'étendant de Bayonne à Leningrad et de Copenhague au Bassin du Donets, l'empire d'Hitler entame son effondrement à l'été 1944, sous l'irrépressible avancée des troupes anglo-américaines à l'ouest et de l'Armée rouge à l'est. En avril 1945, l'hégémonie nationale-socialiste en Europe arrive définitivement à son terme.

[1] Cité dans Mazower, *Dark Continent*, p. 217.
[2] Cité dans Victoria de Grazia, *Irresistible Empire. America's Advance through 20th-century Europe*, Cambridge, Belknap Press, 2005, p. 456.

Mais la libération de l'Europe de l'emprise du nazisme ne signifie pas pour autant le retour immédiat de la paix et de la démocratie sur le continent. À maints égards, l'année 1945 est épouvantable. Dans le nord de la France, en Belgique et aux Pays-Bas, les armées alliées prennent rapidement conscience que la famine fait rage au sein des populations locales. « Tout le monde est épuisé ; beaucoup sont morts le long de la route », témoigne une jeune Néerlandaise au début de l'été 1945. « Les fermiers ne cèdent rien contre de l'argent et les gens donnent leurs dernières chaussures, leur dernière veste, en échange d'un tout petit peu de nourriture ».[3] La situation est pire encore en Europe centrale et orientale. En atteignant la Pologne, les soldats de l'Armée rouge découvrent d'immenses camps de la mort. Il ne s'agit pas des camps de concentration « classiques » construits par le régime nazi depuis les années 1930 et reproduits partout en Europe afin d'isoler des groupes ciblés et de les condamner au travail forcé. Il s'agit d'usines de la mort – des sites sur lesquels Hitler a mis en œuvre son projet d'éradication des juifs d'Europe.[4]

Pour cette raison comme pour d'autres, l'Allemagne est en ligne de mire. Alors que la haine à l'égard des Allemands et un désir de revanche habitent l'esprit des populations récemment libérées, les autorités politiques alliées négocient l'avenir du pays. Une chose s'impose d'emblée : tout le monde cherche à éviter l'erreur de 1919, c'est-à-dire l'anéantissement planifié du belligérant vaincu. À la conférence de Yalta en février 1945, les trois grandes puissances alliées approuvent le tracé délimitant quatre zones d'occupation provisoires – une zone pour chaque puissance et une pour la France – en Allemagne et en Autriche, ainsi qu'à Berlin et à Vienne. Roosevelt et Churchill cèdent à la demande de Staline de réduire d'un quart la taille du Reich d'avant-guerre et d'obtenir des réparations. Contrairement à un mythe répandu, Yalta ne légitime pas la division de l'Europe en deux blocs opposés. Néanmoins, on peut affirmer que la conférence révèle au grand jour la position force de Staline en Europe de l'Est et les atermoiements des Anglais et des Américains à se dresser sur son chemin.[5] Une seconde réunion est prévue afin de

[3] William I. Hitchcock, *Liberation: the Bitter Road to Freedom, Europe 1944–1945*, New York, Free Press, 2008, p. 111.

[4] Snyder, *Bloodlands*, pp. 253–76.

[5] William I. Hitchcock, *The Struggle for Europe: the History of the Continent since 1945*, New York, Doubleday, 2003, 19–23.

démêler l'écheveau de la « question allemande ». Les Trois Grands décident de se réunir à Potsdam, dans la banlieue de Berlin, en juillet 1945. Les délégués ont la ferme intention de maintenir une Allemagne unitaire. D'un autre côté, ils réclament tous le pouvoir et le contrôle unilatéral dans leur zone d'occupation respective. Il ne s'agit pas là du seul héritage contradictoire de Potsdam. Une autre ambiguïté réside dans la signification pratique des « quatre D » auxquels la société allemande va être être rapidement confrontée : démilitarisation, démocratisation, dénazification et décartellisation. Le problème est que chaque autorité occupante a un point de vue différent, voire divergent, sur la façon d'appliquer ces concepts. Au bout du compte, Potsdam aboutit à un plan incohérent. Et les acteurs ne mettent pas longtemps à s'en rendre compte.

En temps de guerre, les DSW ont fait figure de laboratoire concentré de l'histoire européenne.[6] Tout comme après la Première Guerre mondiale, le destin des DSW repose, au cours du second après-guerre, sur l'issue des négociations relatives à la réorganisation géopolitique de l'Europe. Les choses semblent évidentes aux abords du Rhin : la soudière de Rheinberg et la mine de sel de Borth tombent dans la zone britannique. L'usine de Wyhlen, près de la Suisse, fait partie, quant à elle, de la zone française. Mais la grande majorité des installations industrielles des DSW se situent plus à l'est, en Saxe et en Anhalt. Bernburg et Eisenach ont été libérées par les troupes américaines le 16 avril 1945 mais la zone est reprise par les Soviétiques début juillet 1945 conformément aux dispositions de la Conférence de Yalta. En conséquence, entre la libération et le transfert aux autorités soviétiques occupantes, une confusion indescriptible règne aux alentours de l'usine de Bernburg. Le 22 juin 1945, l'American Counter Intelligence Corps procède à « l'exfiltration » de la plupart des directeurs des DSW et de leurs familles en zone d'occupation américaine à l'ouest. Tant pour Ernest-John Solvay que pour René Boël, les conditions dans lesquelles cette opération se déroule sont des plus « mystérieuses » ; elle équivaut à une sorte d'enlèvement. De toute évidence, Bruxelles n'a pas ordonné cette mission de sauvetage qui n'est pas sans causer des remous. Car ce sont près de quarante membres du

[6] Cette section et les suivantes s'appuient sur Bertrams, Coupain, Homburg, *Solvay*, chapitre 13.

Figure 7.2. Lors de la conférence de Potsdam (Juillet 1945), les trois principales puissances victorieuses se réunissent pour fixer le sort de l'Allemagne défaite. Le président américain Harry S. Truman est assis à l'avant-plan à gauche. Le premier ministre anglais Winston Churchill est assis en haut à gauche de la table. Clement Attlee est assis deux chaises à côté. Le leader soviétique Joseph Staline est en haut à droite de la table. Son ministre des Affaires Étrangères, Vyacheslav Molotov, est assis à sa gauche. (Harry S. Truman Library)

personnel des DSW qui se trouvent déportés en zone américaine sans être habilités à être récupérés par les usines de l'ouest. Ils sont confinés à Dornheim, un village au sud de Francfort, dans l'attente de leur « évaluation » et l'obtention éventuelle de leur certificat de dénazification dispensé par les autorités militaires américaines. Les autorités les informent que l'octroi du précieux sésame peut prendre des mois, voire des années.

Le transfert vers l'ouest de la direction supérieure de DSW contribue à bouleverser une chaîne de commandement déjà relativement ébranlée. René Boël se consacre particulièrement à résoudre cette question. Alors que Helmut Eilsberger est toujours en fonction, Carl Adolf Clemm, *Verwalter* (administrateur) des DSW durant la guerre, n'est plus reconnu par les autorités alliées. Peu de temps avant son transfert à Dornheim, il confie la direction de Bernburg à Otto Bökelmann. Proche de groupes politiques démocratiques-libéraux – son beau-frère a été tué par les nazis, Bökelmann est bien connu des cercles antifascistes. D'un autre côté, ses relations avec les autorités soviétiques s'avèrent complexes. Lorsque l'usine de Bernburg est officiellement mise sous séquestre le 17 avril 1946, un an tout juste après sa libération, l'incertitude et la crainte dominent dans la zone soviétique. Les inquiétudes portent principalement sur la manière dont les réparations vont être prélevées et sur le niveau d'autonomie accordée à l'administration occupante. L'accord de Potsdam, il est vrai, a déjà octroyé une marge de manœuvre significative au pouvoir soviétique. Certains vont même jusqu'à dire qu'ils ont obtenu une carte blanche virtuelle en termes de réparations. À la fin du printemps 1946, les quatre puissances décident que les usines qui dépassent les capacités de production stipulées sont « susceptibles d'être détruites et remises entre les mains des bénéficiaires des réparations de l'Allemagne ».[7] De manière générale, le démantèlement d'usines n'a pas lieu dans les zones d'occupation américaine, britannique et française, ou alors dans une mesure très limitée. En revanche, on assiste, dans ces zones, à la mise en œuvre d'une procédure de transfert technologique, contrainte pour l'essentiel, de l'industrie allemande vers celle des alliés. C'est par ce biais que Solvay bénéficie des procédés de peroxyde d'hydrogène qu'elle va s'appliquer à développer et améliorer au cours des années 1950.[8] A l'est, la politique de démantèlement est largement en vigueur. Dès novembre 1945, les troupes soviétiques commencent, lentement mais sûrement, à démanteler les infrastructures de l'usine de Bernburg. Avec les nouvelles réglementations, le rythme s'accélère. Le démantèlement de l'usine s'achève le 23 avril 1948. Neuf jours plus tôt, une Assemblée Générale des DSW approuvait officiellement le transfert du siège social du groupe à Solingen, à une soixantaine de kilomètres au sud de Rheinberg, dans

7 Charles S. Maier, "'Issue then is Germany and with it Future of Europe'", dans Charles S. Maier et Günther Bischof (eds.), *The Marshall Plan and Germany*, New York-Oxford, Berg, 1991, p. 19.

8 Bertrams, Coupain, Homburg, *Solvay*, chapitre 15.

la région de Düsseldorf, de Leverkusen et d'autres endroits clés de l'industrie chimique allemande (Bayer et Henkel, par exemple). La signification de ce transfert n'échappe évidemment à personne : la séparation de l'Allemagne n'est plus une simple menace. La perspective de la création d'une Allemagne de l'Est autonome sous influence soviétique devient à ce moment réelle, bien que la « République Démocratique d'Allemagne » (RDA) ne sera officiellement fondée que le 7 octobre 1949. Entre-temps, un destin similaire attend le reste de l'Europe centrale et orientale.

LA DIVISION DE L'EUROPE ET SES CONSÉQUENCES

Dans une large mesure, les années 1945–1947 ressemblent aux années 1919–1920. L'instabilité politique, les soulèvements sociaux et les discussions diplomatiques multilatérales dominent la scène européenne. Mais il serait imprudent d'en tirer des conclusions hâtives ; il y a en effet une énorme différence entre les deux après-guerres. Alors que le premier après-guerre européen se termine par l'endiguement (violent) du communisme, le second après-guerre débouche sur deux modes d'inféodation durable : un modèle dominé par l'Union soviétique à l'est, par les États-Unis à l'ouest.[9] Cette double hégémonie sur l'Europe fait écho à l'extrême antagonisme qui oppose ces deux anciens alliés. Cette rivalité est matérialisée par le « rideau de fer », qui finit par traverser l'Europe et par la déchirer en deux réalités séparées pendant plus de quarante ans. L'expression « rideau de fer » est issue d'un discours visionnaire que donne Winston Churchill au Collège de Westminster à Fulton dans le Missouri le 5 mars 1946.[10] À ce moment, la construction de l'empire soviétique est encore aléatoire. C'est un processus en voie de formation parmi d'autres développements politiques possibles. En revanche, la propension des pays d'Europe centrale et orientale à nationaliser

[9] Mazower, *Dark Continent*, pp. 216–17.

[10] « De Stettin dans la Baltique jusqu'à Trieste dans l'Adriatique, un rideau de fer est descendu à travers le continent. Derrière cette ligne se trouvent toutes les capitales des anciens États de l'Europe centrale et orientale. (. . .) [Elles] se trouvent dans ce que je dois appeler la sphère soviétique et toutes sont soumises, sous une forme ou sous une autre, non seulement à l'influence soviétique, mais aussi à un degré très élevé et, dans beaucoup de cas, à un degré croissant, au contrôle de Moscou. »

leurs industries stratégiques est, quant à elle, indéniable. À vrai dire, la tendance est générale. Des lois de nationalisation sont adoptées en France et en Italie afin de promouvoir une politique interventionniste compatible avec le libéralisme. Mais en Europe centrale et orientale, le degré de nationalisation franchit de nouveaux seuils. Ces mesures permettent l'établissement d'une économie planifiée tandis que c'est un modèle d'« économie mixte » qui prévaut en Europe de l'Ouest. La Tchécoslovaquie fait figure de pionnière à cet égard par l'introduction du décret-loi de nationalisation daté du 24 octobre 1945. Rapidement, la Pologne, la Yougoslavie, l'Albanie et la Bulgarie suivent le mouvement en 1946. La Roumanie, la Hongrie et, bien plus tard, la RDA, complètent le cycle.[11]

Ces mesures ne sont pas sans incidence sur le groupe Solvay, fortement implanté à l'est du rideau de fer. À l'exception de la Bulgarie et de l'Albanie, il contrôle des entreprises chimiques dans tous les pays qui deviennent des « satellites soviétiques » après 1948. Confrontés à la menace d'une expropriation immédiate de leurs usines, les gérants réagissent avec intransigeance. « Ce qui compte pour nous », déclare René Boël en janvier 1947, « c'est la propriété de nos usines [en Europe centrale et orientale] et nous devons lutter pour la conserver, particulièrement dans le domaine du carbonate de soude ». Mais l'adoption de cette ligne n'est pas chose aisée dans les faits car les États prennent le contrôle de la plupart des secteurs de l'industrie. La nationalisation croissante implique que les entreprises privées comme Solvay sont déclarées illégales et que des limites strictes sont imposées à ceux qui souhaiteraient produire pour le marché.[12] Assez rapidement, il apparaît que la reprise de ses usines à l'est n'est plus envisageable pour le groupe Solvay. La seule alternative viable reste la compensation. Partout à l'ouest, des comités industriels mixtes se mettent en place en vue d'entamer des négociations avec les autorités des républiques populaires et réclamer la contrepartie financière de leurs intérêts. Ces efforts sont loin d'être payants. Toutefois, deux exceptions se dégagent. Dès le mois d'octobre 1948, Solvay obtient une compensation fixe de

[11] Berend, *Economic History of Europe*, pp. 154–56.

[12] Barry Eichengreen, *The European Economy since 1945. Coordinated Capitalism and Beyond*, Princeton, Princeton University Press, 2007, pp. 134–35.

Figure 7.3. Le "Procès Solvay" à Bernburg, 14 décembre 1950. Ce procès-spectacle est intenté par la RDA à l'encontre de dirigeants locaux des Deutsche Solvay Werke, accusés d'espionnage et de sabotage industriels. Il est surtout un prétexte à la confiscation des usines est-allemandes par le régime communiste. (Photographer: Walter Heilig. Bundesarchiv, Berlin)

la Yougoslavie équivalant à 85% de ses actions majoritaires dans la soudière et l'électrolyse de Lukavac. Bien plus tard, en 1984, un second accord sera arraché à la Tchécoslovaquie avec le Verein d'Aussig. Partout ailleurs, les plans de compensation se révèlent aussi frustrants que stériles. Au bout du compte, ils se soldent par la perte sèche de quinze usines en Europe centrale et orientale

Parmi celles-ci, les implantations industrielles situées en Allemagne de l'Est sont de loin les plus importantes pour Solvay. Selon des chiffres antérieurs à la fin de la guerre, les usines localisées en RDA représentent approximativement 75% de la main-d'œuvre des DSW, 55,1% de la production totale de carbonate de soude et 81% de la production de soude caustique. Il n'y a ni électrolyse, ni usine de sel, de potasse ou de lignite en Allemagne de l'Ouest. Pendant plus de cinquante ans, Bernburg a été bien plus que le siège administratif des DSW. Ce fut le centre névralgique du développement fastueux de

Solvay en Europe centrale et orientale, ainsi que la plus grande usine du groupe. Après son démantèlement sous l'occupation soviétique, une partie de l'usine de Bernburg est reconstruite en 1952. Le 5 mai 1953, dans leur volonté de signifier un nouveau départ, les autorités est-allemandes rebaptisent l'usine « Sodawerke Karl Marx ». L'opération n'est pas, à proprement parler, une mesure de nationalisation. Les autorités de la RDA parlent plutôt de « supervision ». Le distinguo paraît purement rhétorique aux yeux des contemporains ; il n'en sera pas moins crucial lorsqu'en 1991, Solvay parviendra à récupérer Bernburg sans avoir à verser de contrepartie (voir chapitre 9).[13] Mais tout ceci paraît anecdotique en regard d'un événement dramatique qui s'est déroulé quelques années auparavant. En décembre 1950 et en juin 1951, le nouveau régime est-allemand organise deux grands « procès Solvay », comparables aux procès-spectacles de Moscou, qui aboutissent à la condamnation de plusieurs directeurs de l'usine de Bernburg du chef de « crime économique ». Un film produit par l'État intitulé *Geheimakten Solvay* (1953) s'inspire de ces procès pour raconter une histoire de sabotage sans intérêt. Pourtant, cette fiction qui vire à la propagande politique témoigne de faits authentiques, car neuf innocents sont bel et bien condamnés à purger des peines d'emprisonnement allant de deux à dix ans. Ceux-ci n'ont pu que réfuter l'élément central de leur accusation, à savoir qu'ils avaient caché des informations concernant l'échange de capital entre DSW et I.G. Farben. Les accusés ne savaient rien de l'accord de financement conclu en 1924. Pire, le juge n'a délibérément pas pris en compte les éléments irréfutables envoyés par Bruxelles et Solingen prouvant leur innocence.

EUROPE DE L'OUEST : RÉTABLISSEMENT, RECONSTRUCTION, INTÉGRATION

Avec la perte de ses usines en Europe de l'Est, le groupe Solvay est sévèrement touché.[14] Les gérants, pourtant, ne s'attardent pas davantage sur les conséquences des bouleversements géopolitiques. Plusieurs d'entre eux ont encore en tête la perte des usines russes

[13] Bertrams, Coupain, Homburg, *Solvay*, chapitre 20.

[14] Il est intéressant de constater que les usines ne sont pas officiellement nationalisées avant 1972. Ce n'est qu'après cette année que des contacts sont établis avec les autorités de la RDA dans l'espoir – déçu – d'une compensation.

après la Première Guerre mondiale et le développement de grands trusts chimiques qui s'en est suivi dans les années 1920. Plus fondamentalement, tous ont vécu, chacun à leur manière, les drames de la guerre. Une conviction commune résulte de cette expérience personnelle : si Solvay & Cie veut être centenaire, elle devra évoluer dans un monde en mouvement permanent. Le second après-guerre pose les jalons d'une période de profondes transformations sociales et politiques qui vont déterminer les deux ou trois décennies suivantes. Dans un contraste saisissant avec l'ère d'avant-guerre, la démocratie libérale semble, à présent, être l'horizon politique consensuel et incontournable de tous les pays d'Europe de l'Ouest en quête de stabilité.[15] Dans le même ordre d'idées, on assiste à la promulgation d'une série de législations sociales visant à dépasser le cycle des mesures épisodiques de protection des travailleurs et à garantir l'établissement d'un véritable système de « sécurité sociale ». Le système de couverture sociale est organisé par l'État, et non par les entreprises privées ; il soutient tous les citoyens « du berceau à la tombe » quelles que soient leurs conditions de travail. De toute évidence, cette transition soudaine d'une économie de guerre à un État-Providence est destinée à réconcilier les citoyens avec l'État et à leur prodiguer le sentiment d'un retour à la normale.[16]

L'extension du rôle des États est également visible dans l'ingénierie de l'économie politique de l'Europe de l'Ouest. S'appuyant sur l'expérience de guerre et d'avant-guerre, les planificateurs deviennent d'habiles experts dans la création d'une économie originale qui combine le dirigisme d'État propre à l'Europe de l'Est et l'économie de marché à l'américaine. De ministères en agences, de comités spéciaux en organes intergouvernementaux, un arsenal bureaucratique compose le paysage administratif afin de promouvoir une version « coordonnée » du capitalisme. En France, Jean Monnet, ancien conseiller juridique de Solvay aux États-Unis reconverti en diplomate de haut vol auprès de Charles de Gaulle, devient Commissaire général au Plan en janvier

[15] Martin Conway, "The Rise and Fall of Western Europe's Democratic Age, 1945–73", *Contemporary European History*, 2004 (13), pp. 67–88.

[16] Voir Richard Bessel et Dirk Schumann (eds.), *Life After Death. Approaches to a Cultural and Social History of Europe during the 1940s and 1950s*, Washington DC et Cambridge, Cambridge University Press, 2003.

1946.[17] L'objectif ambitieux du Commissariat est de mettre l'économie française sur les rails de la modernisation. En ce sens, le Plan Monnet est le complément idéal d'une autre tentative de planification qui réunit six pays européen. La Communauté Européenne du Charbon et de l'Acier, la fameuse CECA, est officiellement présentée par le ministre français des Affaires Étrangères Robert Schuman le 9 mai 1950 (actuellement toujours commémorée comme la Journée de l'Europe par les membres de l'Union Européenne) ; elle repose largement sur le projet confidentiel de Monnet en vue d'une réconciliation franco-allemande. Ce programme de production de charbon et d'acier régulé par une Haute Autorité supranationale est considéré par Monnet comme étant une première étape vers l'intégration politique européenne – une conception qui ne se concrétisera pas après l'échec de la Communauté Européenne de la Défense en 1954.[18] Le projet de Monnet trouve un solide allié en la personne de René Boël, dont l'expérience de guerre l'a persuadé de la nécessité d'une coopération économique accrue entre pays européens. De 1951 à 1981, Boël est le président de la Ligue Européenne de Coopération Économique, un groupe de réflexion qui soutient l'harmonisation des marchés et des systèmes juridiques de l'Europe de l'Ouest.[19]

LE LEADERSHIP AMÉRICAIN, ENTRE CONTRAINTES ET SÉDUCTION

Aux yeux de Boël, il va de soi que l'intégration de l'Europe de l'Ouest sera orchestrée par les États-Unis. Cette perception doit se lire à l'aune de son expérience personnelle de la guerre. Mais il y a plus en jeu. Contrairement au premier après-guerre, les conséquences de la Seconde Guerre mondiale confirment nettement l'ambition des États-Unis de devenir un acteur politique majeur sur la scène mondiale, tout particulièrement en Europe et au Japon. Dans le sillage

[17] Philippe Mioche, « Jean Monnet, homme d'affaires à la lumière de nouvelles archives », *Parlement(s)*, 2007/3, pp. 55–72.

[18] Eichengreen, *European Economy*, pp. 167–69.

[19] Voir Michel Dumoulin et Anne-Myriam Dutrieue, *La Ligue Européenne de Coopération Économique (1946–1981). Un groupe d'étude et de pression dans la construction européenne*, Berne, Peter Lang, 1993.

de l'occupation militaire d'après-guerre en Allemagne, les États-Unis ne se retirent pas de l'Europe. Bien au contraire, ils proposent en juin 1947 un Programme de Reconstruction Européen, mieux connu sous l'appellation de plan Marshall. Sous un angle strictement économique, le plan Marshall fournit quelques treize milliards de dollars sous forme de prêts et de subventions, qui permettent à ses bénéficiaires européens d'acheter des équipements et du matériel américains. Ce genre d'assistance économique entre l'Europe et les États-Unis n'a rien de nouveau. Cela dit, à la différence des initiatives précédentes, le plan Marshall permet d'éliminer de nombreux obstacles en une fois. En plus de résoudre les déficits commerciaux, de contrer l'inflation et de réintroduire la libéralisation des prix, l'objectif du Plan Marshall est avant tout politique, voire même idéologique, dans le contexte de l'émergence de la Guerre Froide. Les bénéficiaires doivent choisir leur camp : une économie de marché ou une économie planifiée.[20]

C'est donc en empruntant la voie américaine que l'Europe de l'Ouest fait son entrée dans l'ère de la prospérité. De fait, les États-Unis incarnent le cercle vertueux de ce qu'on appelle le modèle économique fordiste, un modèle que les pays européens sont désireux d'adapter à leurs conditions – plutôt que de l'adopter sans discernement. La recette du régime fordiste réside dans un subtil mélange de croissance ininterrompue, de production de masse, d'accroissement de la productivité, d'augmentation des salaires, de plein emploi et de consommation de masse.[21] De nombreux industriels européens observent les perspectives exponentielles offertes par le marché américain. D'un autre côté, investir aux États-Unis n'est pas une promenade de santé pour les entreprises étrangères. Forte de ses soixante années de relations « délicates » avec ses partenaires américains, Solvay & Cie ne le sait que trop bien. Dans l'industrie chimique en particulier, l'implication des autorités militaires américaines dans le démantèlement du conglomérat allemand I.G. Farben a été plus importante que celle des autres

[20] Alan S. Milward, *The Reconstruction of Western Europe, 1945–1951*, Londres, Methuen, 1984, pp. 56–61.

[21] Pour un point de vue équilibré, voir Charles F. Sabel et Jonathan Zeitlin (eds.), *World of Possibilities: Flexibility and Mass Production in Western Industrialization*, New York-Cambridge, Cambridge University Press, 1997.

Figure 7.4. L'aide du plan Marshall à l'Allemagne s'éleva à 1.390.600 $ et contribua à remettre le pays sur ses pieds, comme le symbolise cette photographie de propagande qui montre un ouvrier de Berlin-Ouest tout heureux de participer à l'effort. Un an avant la fin du programme en 1951, l'Allemagne avait déjà dépassé sa production industrielle d'avant-guerre. (National Archives and Records Administration)

puissances alliées.[22] La dislocation du groupe chimique donne lieu à la (re)naissance de puissants concurrents européens (BASF, Bayer, et Hoechst). Mais les Américains sont tout aussi investis dans le domaine des législations antitrust. En mars 1944, les

[22] Raymond G. Stokes, *Divide and Prosper. The Heirs of I.G. Farben under Allied Authority*, Berkeley, Univ. of California Press, 1988.

tribunaux du district de New York dénoncent l'Association Américaine d'Exportation d'Alcalis (Alkasso) via la loi antitrust Sherman de 1890. L'Alkasso avait été créée en 1919 afin de trouver des arrangements commerciaux parmi les plus grands producteurs de soude à l'ammoniaque présents sur le continent américain, ce qui incluait la Solvay Process Company et ICI.[23] L'impact des États-Unis sur les entreprises étrangères est donc significatif à plusieurs titres.

Pourtant, l'attrait du marché l'emporte sur les contraintes : les États-Unis sont *the place to be* après la Seconde Guerre mondiale. Impressionné et inspiré par ce qu'il a vu durant son séjour à New York en tant que « gérant en exil », René Boël souhaite saisir cette opportunité. La perte attendue des usines de l'est l'incite à se tourner vers l'ouest. L'« américanisation » concerne les Amériques, au sens large. Elle implique également le Brésil, où René Boël a posé les jalons d'un développement en devenir.[24] Les États-Unis font toutefois l'objet d'une attention particulière. L'intention de Boël est de diversifier les actifs financiers de Solvay aux États-Unis – dont la plupart se concentrent en actions d'Allied Chemical et Dye Corp. – ainsi que d'avoir une solide tête de pont dans l'industrie de la chimie organique américaine alors en plein boom.[25] Son attention est attirée par l'entreprise familiale Wyandotte Chemicals Corporation, précédemment connue sous le nom de Michigan Alkali, avec laquelle Solvay & Cie partage un pan d'histoire. Pour plusieurs raisons, Boël escompte faire une offre de rachat (partiel) de Wyandotte. Alors que les négociations préliminaires sont en bonne voie, l'accord s'effondre en 1953. Les raisons de cet échec se trouvent autant dans l'opposition des actionnaires américains que dans l'hésitation affichée par Ernest-John Solvay vis-à-vis du projet.[26] Apparemment, le collègue de Boël à la gérance ne parvient pas à surmonter son

[23] Glasscock, *Commercial History*, pp. 45–52. L'Alkasso n'est pas le prédécesseur de l'Ansac, qui est créée en 1984 comme plateforme pour la vente et la distribution internationales de carbonate de soude naturel. Solvay devient de facto un membre de l'Ansac à la suite de l'acquisition de l'usine de Green River à Tenneco en 1992.

[24] Pour la petite histoire, la contre-valeur des actions I.G. Farben détenues par Solvay & Cie couvrira les frais d'expansion au Brésil. Voir ACS, « Politique industrielle du Groupe Solvay », Interview du Comte Boël (16 jan. 1987), 19 jan. 1987.

[25] Sauf mention contraire, cette section s'appuie sur Bertrams, Coupain, Homburg, *Solvay*, chapitre 18.

[26] Les principaux actionnaires de Wyandotte sont la famille Ford, qui est active dans la production de verre à vitre dans l'Ohio tant avant qu'après la fondation

scepticisme à l'égard des milieux d'affaires américains à la suite des relations tumultueuses de Solvay & Cie avec Allied durant l'ère Weber. Ce sera finalement le fils d'Ernest-John, Jacques Solvay (1920–2010), qui parviendra à racheter une activité chimique américaine majeure en 1974, à savoir l'activité de polyoléfines de Celanese et ses infrastructures situées à Deer Park, au Texas (voir chapitre suivant). Entre-temps, c'est par un autre canal que Solvay & Cie entame son chemin vers la diversification.

SUR LA ROUTE DU PLASTIQUE

Les changements en cours dans la politique et le commerce internationaux imprègnent les modes de production et de consommation d'énergie. Alors qu'en 1938 la demande en pétrole est encore faible en Europe, celui-ci représente 20% de la consommation d'énergie européenne en 1955 et 45% en 1964.[27] L'industrie chimique est à la fois le témoin et l'instigateur de cette évolution. Mais son rôle devient particulièrement impressionnant à mesure que les polymères tels que le polyéthylène deviennent une industrie majeure. Leur volume de production élevé entraîne une transformation radicale dans la gestion des matières premières. Mais il implique également un déplacement du centre de gravité de l'industrie chimique mondiale. Comme l'affirme un expert, « sans tenir compte du fait que l'industrie chimique européenne a longtemps été plus en avance que celle des États-Unis, l'avenir des produits chimiques organiques allait dépendre du pétrole et non pas du charbon ».[28] En effet, la véritable rupture qui consiste à passer de la carbochimie à la pétrochimie a lieu aux États-Unis où les fibres synthétiques et les polymères ont été mis sur le marché dès les années 1930. Cela a permis à des entreprises comme Du Pont et Union Carbide d'entrer dans la Seconde Guerre mondiale avec les avantages caractéristiques du pionnier et de récolter les fruits du boom pétrochimique

de la Libbey-Owens-Ford Glass Company en 1930. Ces Ford n'ont aucun lien de parenté avec la célèbre famille active dans l'industrie automobile.

[27] Raymond G. Stokes, *Opting for Oil. The Political Economy of Technological Change in the West German Chemical Industry, 1945–1961*, Cambridge-New York, Cambridge University Press, 1994, pp. 95–96.

[28] Peter H. Spitz, *Petrochemicals: The Rise of an Industry*, New York, John Wiley & Sons, 1988, p. xiii.

Figure 7.5. Les disques microsillons en polychlorure de vinyle (PVC) symbolisent l'entrée dans la société de consommation de masse et dans l'ère du plastique. Solvay s'inscrit dans cette tendance de fond en se diversifiant dans les matières plastiques. (Mary Evans Picture Library / Classic Stock / Coleman)

d'après-guerre.[29] Ces produits sont le résultat d'un processus de recherche industrielle de longue haleine, qui s'étend de la recherche fondamentale au génie chimique axé vers le développement de nouveaux produits. Le nylon, par exemple, un produit hautement symbolique de la culture matérielle d'après-guerre inventé dans les laboratoires de recherche de Du Pont en 1935, a une longue histoire. Elle remonte à la résine de bakélite obtenue par le chimiste belgo-américain Leo Baekeland en 1907.[30] Il en va de même pour le polychlorure de vinyle, mieux connu sous le nom de PVC.[31] Il est découvert pour la première fois en 1912, est amélioré industriellement dans l'entre-deux-guerres et atteint son apogée après la Seconde Guerre mondiale. Ce n'est qu'à ce moment qu'il rencontre les usages culturels de la société de consommation d'après-guerre. De l'emballage aux câblages automobiles en passant par les disques vinyle, le PVC est utilisé dans de nombreuses applications. C'est le plastique polyvalent par excellence. C'est toutefois dans le cadre domestique qu'il se distingue tout particulièrement car il est utilisé pour les imperméables d'enfants, les tuyaux d'arrosage, les sacs à main et, *last but not least*, pour le jouet phare de Mattel, la poupée Barbie, créée en 1959.[32]

Produire des poupées en plastique n'est certainement pas l'intention première de Solvay lorsque la guerre s'achève. Pourtant, l'entreprise parvient à s'imposer comme leader dans la production de PVC en Europe continentale dès la fin des années 1960. Il s'agit là d'un accomplissement à la fois spectaculaire et inattendu. Cela témoigne du fait que la stratégie de diversification de Solvay & Cie a payé. La question avait été débattue à maintes reprises au sein de la gérance, mais avait toujours été écartée et minimisée par une majorité de ses membres. Bien que de multiples activités de recherche et développement (R&D) aient été menées depuis le milieu des années

[29] Alfred D. Chandler, *Shaping the Industrial Century. The Remarkable Story of the Evolution of the Modern Chemical and Pharmaceutical Industries*, Cambridge (MA)-Londres, Harvard University Press, 2005, pp. 46–47, 72–73.

[30] Hounshell et Smith, *Science and Corporate Strategy*, pp. 257–74; Ndiaye, *Nylon et bombes*, pp. 92–95.

[31] Cette section et les suivantes s'appuient largement sur Bertrams, Coupain, Homburg, *Solvay*, chapitre 15.

[32] Jeffrey L. Meikle, *American Plastic. A Cultural History*, New Brunswick, Rutgers University Press, 1995, 186–87.

1930 dans la chimie organique, et dans les produits chlorés en particulier, la Seconde Guerre mondiale représente un moment-clé en termes de stratégie industrielle. À partir de 1945, Solvay & Cie n'est plus une entreprise centrée exclusivement sur l'alcali. Cela ne signifie pas que le carbonate de soude et la soude caustique soient mis de côté, ni que tout doive être réinventé. Au contraire, la croissance dans les produits basés sur le chlore, comme le plastique, a été réalisée avec l'objectif explicite de défendre et de protéger le marché de la soude caustique. Dès lors, de nouveaux programmes de R&D sont menés au laboratoire central de l'entreprise à Ixelles ainsi que dans les laboratoires des usines de Jemeppe, de Tavaux et de Zurzach. En 1952, l'ampleur du programme de recherche d'après-guerre de Solvay & Cie entraîne le transfert des activités de R&D des anciens locaux d'Ixelles à un nouveau complexe construit à Neder-over-Heembeek (NOH), au nord de Bruxelles. L'idée est d'orienter et d'améliorer la recherche sur les lignes de produits traditionnelles, et tout particulièrement sur les sous-produits de l'électrolyse. Avant la guerre, déjà, l'entreprise avait effectué d'importants investissements dans le domaine de la chimie électrolytique, principalement sous l'impulsion de René Boël.[33] À l'époque, l'objectif principal était la production alternative de soude caustique. Quel que soit leur finalité, ces expérimentations d'entre-deux-guerres se révèlent utiles a posteriori. Comme le remarque Ernst Homburg, « sans cette expérience il aurait été presque impossible pour Solvay d'atteindre le succès en tant que producteur de PVC ».[34]

DIVERSIFIER LA DIVERSIFICATION

À côté de son engagement pour une diversification de produits, Solvay & Cie opte également pour une diversification de stratégie. Parallèlement à ses activités internes de R&D, Solvay décide de se lier à son partenaire industriel de longue date et allié international, la multinationale britannique ICI. C'est une décision judicieuse pour au moins quatre raisons. Premièrement, ICI possède des contrats juridiques internationaux majeurs et complémentaires à ceux de Solvay en termes de répartition du marché mondial.

[33] Voir Bertrams, Coupain, Homburg, *Solvay*, chapitre 11.
[34] Bertrams, Coupain, Homburg, *Solvay*, chapitre 15.

Deuxièmement, la guerre n'a peut-être pas fait d'ICI la plus grande et la plus rentable entreprise britannique, mais la performance globale du géant anglais dans les années 1950 (et les quarante années qui suivent) font d'ICI un acteur incontournable de l'industrie chimique mondiale.[35] Troisièmement, ICI est très engagé dans la recherche. En 1945, elle est l'entreprise qui investit le plus en termes de R&D et s'avère être le plus grand employeur privé de chercheurs qualifiés – pas moins de 1396 ingénieurs, chimistes, et techniciens travaillent dans ses laboratoires.[36] Enfin, et c'est là le plus important, ICI en connait un rayon sur le PVC. En 1945, bien que l'industrialisation du PVC soit toujours assez limitée en Europe, c'est déjà une technologie bien établie dans l'entreprise britannique. Dès lors, en faisant équipe avec ICI, Solvay choisit un excellent partenaire au moment le plus opportun. Après les étapes initiales d'échanges d'informations technologiques qui commencent dès novembre 1945 (conformément à une pratique longuement établie), les deux entreprises décident de lancer un projet plus ambitieux. Plutôt que de garantir un transfert de licences non exclusives, un accord conclu le 15 octobre 1949 prévoit la formation d'une société commerciale en coentreprise (*joint venture*) pour la production de PVC. Solvic, comme on l'appelle, rencontre un remarquable succès. Grâce au passé commun des deux entreprises, les usines sont en service avant même que l'accord officiel ne soit signé. Avec des succursales dans presque tous les pays européens et même jusqu'au Brésil, Solvic est la force motrice de l'expansion internationale de Solvay en matière de PVC. Stimulés par les performances de la coentreprise, les départements de recherche internes de Solvay & Cie améliorent également considérablement les produits en PVC. Le résultat le plus célèbre en est la bouteille en PVC qui est fabriquée pour la première fois dans l'usine de Tavaux en 1963. Sous l'impulsion du gérant de Solvay Paul Washer (°1922), elle sera plus tard conçue pour de nombreux producteurs français d'eau minérale naturelle, instaurant le passage du verre au plastique dans l'usage alimentaire.[37]

35 Cassis, *Big Business*, pp. 95–99.

36 David Edgerton et Sally Horrocks, "British Industrial Research and Development before 1945", *The Economic History Review*, 47 (2), 1994, 223–26.

37 Bertrams, Coupain, Homburg, *Solvay*, chapitre 16.

Un autre polymère, le polyéthylène, attire l'attention générale à la fin des années 1940. Plus léger, plus flexible et moins permanent que le PVC, le polyéthylène a été inventé par une équipe de scientifiques d'ICI au milieu des années 1930. Après la guerre, il devient le symbole d'une société d'abondance dont la culture est « sans forme, en évolution constante, temporaire, voire même éphémère ».[38] Évidemment, beaucoup d'entreprises chimiques veulent leur part du gâteau. Solvay ne fait pas exception à la règle. Néanmoins, il y a une contrainte de taille : jusqu'à ce que le brevet britannique d'ICI tombe dans le domaine public en 1956, les entreprises qui souhaitent tirer profit du « filon polyéthylène » doivent soit acheter la licence d'ICI soit développer leur propre technologie.[39] Solvay opte pour la première solution mais est finalement forcée de s'en remettre à la seconde car des obstacles inopinés se dressent sur son chemin. Les gérants sont convaincus que le polyéthylène va apporter des avantages compétitifs décisifs. C'est pourtant une arme à double tranchant. Incarnation matérielle du passage du charbon au pétrole, le polyéthylène requiert l'usage exclusif d'éthylène – une matière première que Solvay ne peut ni fournir ni contrôler. Cela représente non seulement un changement radical dans l'histoire de l'entreprise, mais c'est aussi une déviation par rapport à la consigne des pères fondateurs d'avoir la mainmise sur les matières premières. Les gérants ont pleinement conscience de la situation mais décident que le jeu en vaut la chandelle. Plusieurs méthodes sont explorées afin de surmonter cet écueil mais aucune d'elles ne s'avère concluante. Au Brésil, par exemple, l'unité de polyéthylène construite à l'usine d'Elclor est approvisionnée en éthylène à base de sucre de canne local. À l'usine de Rosignano en Italie, la décision d'acheter un vapocraqueur construit par la firme italienne Montecatini, se solde par un échec.[40] Ici encore, ces revers sont partiellement compensés par l'impulsion de Solvay pour l'innovation interne. On peut pointer, en particulier, la mise au point dans les laboratoires de recherche de NOH en 1969 d'un tout nouveau catalyseur pour la production de polypropylène. Sa licence rapportera de confortables bénéfices.

[38] Meikle, *American Plastic*, p. 177.
[39] Stokes, *Opting for Oil*, p. 121.
[40] Bertrams, Coupain, Homburg, *Solvay*, chapitre 16.

Au tournant des années 1960, un « nouveau » Solvay est en marche même s'il reste l'héritier du Solvay « ancienne mouture ». La société a relevé le défi de la révolution du plastique conjointement à l'expansion des activités « historiques » des alcalis. Des entreprises commerciales originales comme Solvic voient le jour qui résultent de partenariats et d'accords industriels contractés de longue date. L'évolution que connaît Solvay s'apparenterait-elle à l'adage selon lequel on fait du neuf avec du vieux ? Certainement pas. Prenons l'impulsion de la R&D : elle est à la fois puissante et nouvelle. À l'exception de quelques produits chimiques organiques, Solvay entame des recherches nouvelles dans la catalyse, les polymères et autres matériaux après la Seconde Guerre mondiale. Le domaine des peroxydes d'hydrogène, comme nous l'avons déjà mentionné, est un autre bon exemple. Grâce à une série d'améliorations réalisées au sein de ses différents sites de recherche tout au long des années 1950, Solvay parvient à se hisser à une position dominante dans ce domaine qui lui était inconnu avant la guerre. Sa situation dans ce secteur très rentable s'améliore encore à la suite de la formation d'un partenariat avec l'entreprise britannique Laporte. Celui-ci mènera à la création, en 1971, d'une coentreprise, Interox, dont les usines sont implantées partout dans le monde. En tout état de cause, peu de personnes auraient parié, vers 1947–48, sur la survie de Solvay & Cie quinze ans plus tard, et encore moins sur sa capacité à assurer sa place parmi les plus grandes entreprises chimiques mondiales. Lors de la commémoration de son centième anniversaire en décembre 1963, l'entreprise familiale a toutes les raisons de fêter l'événement. La diversification est enfin reconnue comme stratégie viable. Solvay & Cie va de l'avant, libérée des fardeaux du passé. L'économie internationale est en plein essor. La croissance et l'expansion ne semblent pas rencontrer de limite. Mais pour combien de temps ?

Figure 8.1. Fabrication de médicaments à Kali-Chemie (début des années 1990). Cette filiale allemande est, avec Duphar et Salsbury, l'un des piliers sur lesquels Solvay base son développement dans les sciences de la vie. (Archives Solvay)

8

Récession économique et impulsion biochimique

– *La situation économique mondiale ne doit pas être vue avec un pessimisme exagéré. Elle doit l'être avec lucidité et réalisme. Il s'agit d'un sérieux accident, non d'une catastrophe. Nous devons réagir contre toute tendance à dramatiser. Il n'est pas bon de raviver le spectre de la crise de 1929–30.*

Max Nokin (Mars 1975)[1]

– *Nous sommes à présent, bien que nous commencions à peine à nous en rendre compte, dans la phase d'ouverture de la Révolution Biologique – une révolution du vingtième siècle qui affectera bien plus l'espèce humaine que la grande Révolution Mécanique ou la Révolution Technologique que nous traversons actuellement.*

Gordon Rattray Taylor (1968)[2]

LA FIN DE « L'ÂGE D'OR »

En 1979, l'économiste français Jean Fourastié écrit un livre dont l'écho résonnera longtemps, surtout pour le choix de son titre : *Les Trente Glorieuses, ou l'invisible Révolution de 1946–1975*. Aujourd'hui, il paraît évident que les trente années qui ont suivi

[1] Cité dans Jacques Moden et Jean Sloover, *Le patronat belge. Discours et idéologie, 1973–1980*, Bruxelles, CRISP, 1980, p. 152. Max Nokin (1907–1996) était le directeur du holding industriel Société Générale de Belgique de 1961 à 1974. Voir Ginette Kurgan-van Hentenryk, « Nokin, Max », dans Kurgan, Jaumain, Montens (éds.), *Dictionnaire des patrons*, pp. 485–87.

[2] G. Rattray Taylor, *The Biological Time Bomb*, New York, New American Library, 1968, p. 13 cité dans Robert Bud, *The Uses of Life. A History of Biotechnology*, Cambridge, Cambridge University Press, 1993, p. 163.

la Seconde Guerre mondiale ont été une période de croissance, de prospérité et d'avancées sociales. Mais avec le regard de 1979 (ou d'après), il est encore plus évident que cet « âge d'or » est révolu et s'est évanoui comme une ombre du passé. Les premiers signes du ralentissement économique qui affecte l'économie mondiale sont perceptibles dès la fin des années 1960, générant une inquiétude croissante quant au système monétaire international. Mais ce n'est qu'en 1975 que la conjoncture est identifiée et définie comme une crise structurelle. L'inflation continue, la diminution de la croissance, l'érosion de la compétitivité et la baisse tendancielle de la productivité sont alors étroitement liées aux taux de chômage élevés et au mécontentement social généralisé. Les conditions favorables du marché du travail d'après-guerre et, surtout, le compromis entre salaires élevés et paix sociale, ne sont plus considérés comme des acquis immuables. À la suite de la fermeture de nombreuses usines, des grèves et des manifestations éclatent un peu partout. Aux États-Unis et en Europe de l'Ouest, « la plupart des protestataires des années soixante ainsi que leurs partisans abandonnent la « Révolution » et s'inquiètent plutôt de leur avenir professionnel ».[3] Ceci est d'autant plus inévitable que les taux de chômage n'ont jamais été aussi élevés depuis les années 1930. Avec un taux d'emploi en berne, les travailleurs réclament et obtiennent certaines formes d'indemnités de chômage. Elles ajoutent une pression supplémentaire sur les finances publiques qui sont déjà relativement précaires.

À la fin des années 1970, des gouvernements conservateurs, comme celui du Premier ministre du Royaume-Uni, Margaret Thatcher, introduisent un arsenal de mesures qui réduisent la portée de l'État-Providence, transforment le marché du travail et dérégulent l'environnement financier. Au bout du compte, ces réformes peuvent à peine contenir la récession endémique.[4] Aux États-Unis le président Ronald Reagan adopte une politique fiscale qui fait largement écho aux expériences thatchériennes. Elle se base sur une formule de réduction d'impôts qui stimule l'économie de l'offre et s'oppose à un programme de relance par la croissance

[3] Tony Judt, *Postwar. A History of Europe since 1945*, Londres, Penguin, 2005, p. 453.
[4] Eichengreen, *European Economy*, pp. 272–82.

Figure 8.2. Après le choc pétrolier de 1973, le prix du baril est multiplié par quatre et la pénurie guette. La crise annonce la fin de l'énergie à bas prix (Mary Evans Picture Library / Classic Stock / H. Armstrong Roberts)

plébiscité depuis le milieu des années 1940. Les politiques économiques de Margaret Thatcher et de Ronald Reagan reposent sur des prémisses néo-libérales équivalentes, qui visent à réduire l'importance de l'État dans l'économie et à favoriser la croissance par l'innovation et la prise de risque. Compte tenu du poids institutionnel et symbolique de l'État-Providence, cela s'apparente à une révolution de la gestion des affaires publiques. Ailleurs en Europe de l'Ouest, notamment dans la France de François Mitterrand, certains tentent de contrer cette vague néo-libérale et de prolonger le projet social d'après-guerre. Mais les réalisations durables ne sont pas à la hauteur des attentes. Les tensions économiques obligent les gouvernements à revoir leurs promesses sociales à la baisse et à se retrancher dans l'austérité et la « rigueur ».[5] Par conséquent, le début des années 1980 représente un tournant décisif en termes de politique économique. Les valeurs néo-libérales exercent non seulement une influence sur l'agenda économique, mais elles ont également un impact sur la vision de la société au sens large. La célèbre formulation de Margaret Thatcher permet de s'en faire une idée : « Qui est la « société » ? La « société » n'existe pas ! Il n'y a que des individus et des familles »[6].

Face à cet environnement économique pour le moins morose, les entreprises espèrent le meilleur mais s'attendent au pire. Le déclenchement de deux crises pétrolières successives en dix ans, en 1973–75 et en 1979–81, marque l'entrée dans une période d'incertitude. La surproduction a été provoquée par un optimisme aveugle et la récession touche désormais des secteurs clés de l'industrie, qui surfaient encore dix ans plus tôt sur les vagues de la société de consommation de masse. L'industrie chimique ne fait pas figure d'exception. Marquées par la dépendance croissante envers les matières premières pétrochimiques auxquelles s'ajoute une politique de hauts salaires issue du régime social d'après-guerre, les entreprises chimiques font face à une augmentation des prix, tout particulièrement en Europe et aux États-Unis. D'un autre côté, le contexte de surcapacité qui résulte de la saturation du marché mène à une chute continue des prix de vente. Comment résoudre cette équation ? Certains industriels n'hésitent pas à comparer la situation avec la crise des années 1930 (voir la citation en début de chapitre). Toutefois, à mesure que passent les années de récession, les pays industrialisés montrent des signes de résilience inattendus. À la suite d'efforts qui conduisent à des rajustements structuraux, l'effondrement systémique engendré par le krach des marchés

[5] Mazower, *Dark Continent*, pp. 342–43.

[6] Cité dans Bernard Wasserstein, *Barbarism and Civilization. A History of Europe in our Time*, Oxford-New York, Oxford University Press, 2007, p. 636.

financiers de 1929 a été évité. Non sans surprise, le capitalisme industriel finit par survivre à son deuxième choc majeur en un demi-siècle. Certes, il est facile de poser ce genre de constats rétrospectivement. L'expertise des historiens n'éclaire que les événements qui ont déjà eu lieu. Il convient dès lors de s'attarder sur ces années comme si elles se déroulaient en « temps réel ».

D'ABORD LA STRATÉGIE, ENSUITE LA STRUCTURE : SOLVAY & CIE DEVIENT UNE SOCIÉTÉ ANONYME (1967)

Nous l'avons vu, c'est vers le milieu des années 1960, sous l'impulsion de gérants tels que René Boël et Henri Delwart (1902–1987) dans un premier temps, puis de Jacques Solvay et de Paul Washer dans un deuxième temps, que Solvay & Cie relève le défi de la diversification des produits.[7] Son leadership mondial dans le secteur historique des alcalis reste incontesté, surtout en Europe continentale où ses parts de marché dépassent les 60%. Sa position dans les activités industrielles dérivant de la production électrolytique – notamment le PVC et les peroxydes – ne fait que s'amplifier. Enfin, la décision de promouvoir l'intégration en amont et en aval, de la production de polyéthylène à la transformation des plastiques, est un moyen plutôt logique de « boucler » tout un système technologique. Solvay & Cie est donc une entreprise qui évolue rapidement du point de vue de la stratégie industrielle. D'un autre côté, sa structure coïncide toujours largement avec la conception organisationnelle élaborée par les pères fondateurs au cours du dix-neuvième siècle. Pour des raisons évidentes, l'entreprise familiale voue un attachement profond aux principes d'indépendance financière et industrielle. Au début de l'aventure industrielle de Solvay, la forme juridique la plus adaptée à cette autonomie semblait être celle de la société en commandite. La configuration avait l'avantage d'être claire et simple : l'entreprise était théoriquement divisée entre associés commanditaires et associés gérants – les premiers apportant le capital, les seconds s'occupant de la gestion. Tout

[7] Cette section est largement tirée de Bertrams, Coupain, Homburg, *Solvay*, chapitre 17.

en étant dotée de cette structure, la société s'accommoda de nombreux changements qui furent portés tant à l'organisation pratique qu'à la gestion quotidienne de l'entreprise. Une chose au moins semblait s'imposer dès les débuts : la forme juridique de la commandite n'était pas destinée à perdurer. Bien au contraire, les statuts initiaux de Solvay & Cie prévoyaient une modification du cadre juridique selon des conditions relativement souples.

La question de la transformation de Solvay & Cie en société anonyme peut être considérée comme un serpent de mer. On pourrait dire qu'elle est aussi vieille que l'entreprise elle-même. Cependant, les arguments tendant à promouvoir l'adoption d'une nouvelle disposition juridique diffèrent selon le contexte. Ainsi, vers le milieu des années 1880, le débat de la transformation fait rage entre associés et gérants en vue de faciliter la circulation du capital entre les actionnaires.[8] En 1928, en revanche, lorsqu'Armand Solvay soutient le passage à une société anonyme, sa principale préoccupation est de se prémunir des problèmes de succession qui se poseront à la suite de son décès. Favorablement marqué par la flexibilité dont font preuve des entreprises comme Allied Chemical et ICI, Armand propose de recourir davantage à des managers professionnels. « Pour des positions de haute responsabilité, » confie-t-il un jour à ses collègues, « une entreprise comme la nôtre doit choisir parmi les as ; tant mieux si ces as peuvent se recruter dans son sein, sinon, il faut aller les chercher où ils se trouvent ».[9] Dans les années 1960, les questions de succession ne figurent plus au sommet de la liste. La priorité consiste plutôt à réformer l'architecture financière du groupe et, plus précisément, à satisfaire les besoins de Solvay & Cie relatifs à ses ambitieux programmes d'investissement en favorisant son accès aux marchés de capitaux.

Il serait injuste de dire que l'inertie avait prévalu jusque-là. Des mesures importantes ont été introduites entre-temps pour injecter de l'argent frais. C'est dans les années 1960 que sont prises les décisions conduisant à vendre une partie substantielle des actions ICI détenues

[8] Voir Bertrams, Coupain, Homburg, *Solvay*, chapitre 3.

[9] ACS, « Aperçu historique sur la Gérance de Solvay & Cie et considérations relatives à une transformation éventuelle de notre Société en Société anonyme » par Armand Solvay, 9 jan. 1928.

par Solvay, de limiter le recrutement de personnel, voire même de fermer certaines soudières (Bayonne et Monfalcone) ou des unités de caustification (Zurzach, Dombasle, et Rosignano). Toutefois, ces décisions ne provoquent qu'un changement de degré tandis que c'est un changement de nature qui est visé. C'est dans ce contexte que l'idée de transformation en société anonyme refait son apparition. Elle avait été recalée en raison de l'opposition tenace d'Ernest-John Solvay. Mais à peine René Boël lui eût-il succédé à la tête de la gérance le 1er janvier 1964 que le processus se met en branle. Une fois les obstacles techniques surmontés, l'Assemblée Générale du 12 juin 1967 donne le feu vert à la modification du cadre juridique de la société. Après 104 années d'existence, Solvay & Cie devient société anonyme. Son offre publique initiale a lieu en novembre 1967. Quand on connaît la légendaire discrétion de l'entreprise, parmi d'autres caractéristiques de taille, ce tournant vers l'actionnariat public constitue un véritable changement historique. Il faut dire que l'opération est le fruit d'une étude minutieuse. Le nouveau statut juridique a fait naître autant de défis qu'il n'a résolu de contraintes. Et les pièges à déjouer sont nombreux. La dilution du capital est l'un d'entre eux. Afin d'éviter une dispersion des parts qui eût pour effet d'attirer des offres publiques d'achat mal intentionnées, René Boël, Paul Washer et le conseiller juridique de Solvay, Henri Lévy-Morelle (1920–2012) s'efforcent de tendre à un compromis avec les experts juridiques et financiers. Après tout, les actionnaires historiques ont accepté la transformation juridique à condition que Solvay demeure une entreprise familiale. Un contrôle extérieur de l'entreprise n'est donc aucunement négociable. Une solution originale est finalement trouvée : on n'émet pas un seul type d'actions Solvay, mais plusieurs catégories (A-B-C) dont les deux dernières représentent des actions nominatives, soumises à des restrictions spécifiques. La majorité des actions Solvay peuvent dès lors rester entre les mains des familles. Un second seuil sera franchi avec le remplacement de ce triple système par la création du holding Solvac en janvier 1983, qui sera ensuite introduit en bourse en tant qu'alternative aux nouvelles parts Solvay non-nominatives. Solvac obtient un succès immédiat. Le holding, inaccessible aux investisseurs institutionnels, a considérablement stimulé les échanges d'actions et contribué à écarter la menace d'une pénurie de capitaux.

Au moment même où les actions Solvay sont introduites, une autre question épineuse est prise à bras le corps, celle de la structure organisationnelle. Bien que le schéma à multi-facettes de l'organisation de Solvay & Cie se soit avéré efficace des décennies durant, des problèmes de chevauchements et de doublons font leur apparition après l'adoption de la stratégie de diversification. Certains accusent le pouvoir démesuré des organisations nationales tandis que d'autres pointent le rôle dominant exercé par la Direction Générale Technique. Profitant de la dynamique suscitée par le changement de régime juridique, Jacques Solvay prend le taureau par les cornes : il décide de s'en remettre à un consultant. Il n'est évidemment ni le premier ni le seul à le faire. Ce sont les beaux jours des firmes de consultance américaines dont le but est de guider les entreprises vers une « modernisation » de leur système d'organisation ou de leur stratégie. Vers la fin des années 1960, quelques trois quarts des plus grandes entreprises sont transformés en compagnies diversifiées et pour la plupart multidivisionnelles.[10] Jacques Solvay recrute Dick Paget de la firme de consultance McCormick and Paget. Les deux hommes se connaissent : Dick Paget est alors consultant auprés d'Allied Chemical dont Jacques Solvay est membre du Conseil d'Administration depuis 1966. Au cours des mois suivants, le *brainstorming* de Paget aboutit à la mise en œuvre d'une structure matricielle correspondant à une rationalisation approfondie de l'architecture organisationnelle de Solvay. Ce processus permet, entre autres innovations institutionnelles, de redéployer la distribution des tâches de niveau stratégique jusqu'alors prises en charge par la gérance et désormais confiées à un Comité Exécutif, surnommé ComEx. Dans la lignée de cette nouvelle logique d'entreprise, deux managers de longue date de Solvay & Cie, Albert Bietlot et Edouard Swolfs, sont nommés au plus haut niveau exécutif. Il est intéressant de constater qu'il s'agit là de la première nomination non-familiale depuis les recrutements initiés par Ernest Solvay lui-même. La nature symbolique du changement n'échappe à personne. Et, malgré la mise en œuvre graduelle de la

[10] Mauro F. Guillen, *Models of Management. Work, Authority, and Organization in a Comparative Perspective*, Chicago-London, University of Chicago Press, 1994, p. 88.

Figure 8.3. Un ingénieur travaillant sur une calculatrice analogique, au centre de recherche et de développement de Neder-over-Heembeek en 1969, sous le regard du fondateur, toujours symboliquement présent dans les locaux de l'entreprise (Archives Solvay, photographie de Bauters).

nouvelle structure, le processus est extrêmement rapide à l'échelle temporelle de Solvay.

LE *COME-BACK* AMÉRICAIN

Le 14 juin 1971, Jacques Solvay succède à René Boël en tant que président du Conseil d'Administration et président du ComEx. Dans son dernier discours à l'Assemblée Générale, Boël indique au personnel et aux actionnaires qu'il quitte l'entreprise « sans la moindre inquiétude ».[11] Il n'en attire pas moins l'attention sur le fait que l'année 1970 a été caractérisée par des augmentations salariales sans précédent. Ce ne sont que les signes avant-coureurs d'une spirale

[11] « Allocution du Comte Boël à l'Assemblée Générale du 14 juin 1971 », *Revue du personnel Solvay*, 1971, juin-juillet (4), p. 7.

inflationniste qui allait prendre son envol dans la seconde moitié des années 1970 et donner des sueurs froides aux employeurs.[12] Deux mois après le discours de départ de Boël, le président des États-Unis, Richard Nixon, suspend la convertibilité du dollar en or, une annonce qui provoque instamment l'effondrement de l'organisation monétaire internationale mise en place à Bretton Woods en juillet 1944. Le coût provoqué par la guerre du Viêtnam et l'accroissement des déficits du budget fédéral des États-Unis l'ont emporté dans la décision de Nixon.[13] La plupart des pays industrialisés encaissent difficilement le choc ; ils ne savent pas comment s'y prendre pour maintenir un semblant de stabilité au système monétaire international. Mais le choc est également culturel. À côté de l'enlisement des Américains au Viêtnam, la disparition de l'étalon de change-or a contribué à éroder le prestige des États-Unis en « Occident », bien que les motifs de ce désamour soient multiples. En tout état de cause, si les étoiles américaines pâlissent au début des années 1970, les standards de la croissance économique, de la consommation de masse et de la société de loisirs attirent toujours de nombreux industriels, tout particulièrement en Europe de l'Ouest. Certes, le modèle n'inspire plus le « rêve américain », comme ce fut le cas après la guerre, mais il esquisse l'idée, bien présente celle-là, d'un « défi américain » qui suscite l'émulation, comme l'indique à juste titre l'essayiste français Jean-Jacques Servan-Schreiber en 1967.

Jacques Solvay fait partie des industriels qui ont à cœur de relever ce défi. Les méandres du système monétaire international et les circonvolutions de la Guerre Froide n'ont pas entamé sa fascination à l'égard des États-Unis.[14] Comme son père, Jacques Solvay a décroché un diplôme d'ingénieur civil à l'Université Libre de Bruxelles ; tout comme lui, il a fait ses premiers pas professionnels en dehors de l'entreprise familiale. Alors qu'Ernest-John Solvay avait travaillé plusieurs mois pour la Solvay Process Company et pour ICI, son fils a travaillé à la General Electric, à l'usine de Bloomfield. Les points communs s'arrêtent ici. Les impressions qu'ils retirent

[12] Eichengreen, *European Economy*, p. 267.
[13] Judt, *Postwar*, p. 454.
[14] Cette section s'appuie largement sur Bertrams, Coupain, Homburg, *Solvay*, chapitre 18.

de leur rencontre avec l'« *American way of life* » ne peuvent être davantage divergentes. Ernest-John Solvay était méfiant à l'égard des Américains. Au vu des déconvenues qu'il a accumulées avec les partenaires américains de Solvay & Cie au cours de sa carrière, il avait de bonnes raisons d'être sur ses gardes. Durant la Première Guerre mondiale, les frères Hazard avaient tenté de constituer une coalition d'actionnaires de SPC 100% américains contre les intérêts de Solvay. La manœuvre avait échoué de justesse à la suite d'une longue bataille juridique. Le pire restait à venir avec les années « Weber » au sein d'Allied Chemical (voir chapitre 5). L'attitude d'Orlando Weber a rendu Ernest-John Solvay suspicieux à l'égard de toute tentative de partenariat avec une entreprise américaine, comme l'illustre, partiellement du moins, l'échec de l'opération Wyandotte. Jacques Solvay ne partage pas la position de son père de ce point de vue, bien au contraire. Il a manifestement apprécié son séjour d'apprentissage aux États-Unis. Il y a fait la rencontre de sa future épouse, Marie-Claude Boulin, française d'origine mais résidente américaine depuis de nombreuses années. Au début des années 1950, le couple s'installe en Europe, fortement imprégné de la nostalgie des États-Unis. Jacques Solvay est alors bien déterminé à traverser fréquemment l'Atlantique – et pas uniquement en sa qualité d'actionnaire d'Allied Chemical et membre de son Conseil d'Administration.

Le « *come-back* » industriel de Solvay sur la scène américaine n'a lieu qu'au début des années 1970. Après l'impasse Wyandotte, Jacques Solvay a longtemps suivi la piste Allied Chemical. L'objectif qu'il entrevoit consiste à créer une coentreprise de fabrication de polyéthylène à haute-densité, en se basant sur le savoir-faire de Solvay. Pour le patron de Solvay, reprendre les relations commerciales avec Allied est un geste symbolique à bien des égards, mais il s'agit surtout d'une opération logique vu la position d'Allied sur le marché chimique américain. Après bien des palabres, toutefois, les négociations restent au point mort. Sans pouvoir identifier ce que cet échec augurait de la suite des relations industrielles avec Allied, Jacques Solvay décide de poursuivre son effort et se met à la recherche d'un nouveau partenaire. Parmi les nombreuses alternatives qui émergent, une opportunité se détache nettement. Elle consiste à acheter l'activité de polyéthylène de Celanese Corporation

Figure 8.4. Solvay revient aux États-Unis en tant qu'acteur industriel via l'acquisition de l'usine de polyéthylène haute-densité de Celanese en 1974. Claude Loutrel, Jacques Solvay et Whitson Sadler, ici à l'usine de Deer Park, au Texas, sont les principaux leaders impliqués dans le come-back américain de Solvay (Archives Solvay).

America et son vaste site de production à Deer Park, au Texas. L'accord voit le jour en septembre 1974, mais sa mise en œuvre traîne pendant plus d'un an du fait de négociations techniques. La filiale Solvay qui résulte de l'acquisition est appelée Soltex Polymer Corporation, notamment parce que le droit d'utilisation de la marque Solvay aux États-Unis appartient toujours à Allied Chemical. Jacques Solvay y est finalement parvenu ; il a relevé son « défi américain ». Pour autant, une part essentielle de la réussite du « *come-back* » de Solvay aux États-Unis est à attribuer au réseau américain de Jacques Solvay que ce dernier a construit patiemment depuis le milieu des années 1960. Hormis son fidèle conseiller, Claude Loutrel, nommé président exécutif de Soltex, l'équipe inclut l'ami de longue date dans la confrontation avec Orlando Weber, George Murnane, du cabinet juridique Sullivan & Cromwell, mais aussi le consultant Dick Paget et des membres de haut niveau de la banque privée Lazard Frères & Co. (le patron, André Meyer, son successeur, Franck Pizzitola, et l'étoile montante, Whitson Sadler). Avec l'appui du même groupe de conseillers, Jacques Solvay décide d'extraire Solvay d'Allied Chemical. Il faut dire que, du point de vue de la législation antitrust, la création de Soltex avait rendu très délicate l'association de Solvay avec Allied. Par conséquent, entre 1975 et 1985, Solvay se défait progressivement de ses parts d'Allied au moment où celle-ci fusionne avec Signal Companies pour devenir Allied-Signal (qui sera repris par Honeywell en 1999). D'une certaine manière, la naissance de Soltex aide Solvay à tourner définitivement la page Allied.

RATTRAPÉ PAR LA CRISE

Il n'y a qu'à Hollywood que l'on assiste à des dénouements en forme de « happy-end ». Or Deer Park se trouve au Texas, très loin de la Californie. Le ciel radieux de Soltex finit par se couvrir. Si l'acquisition de polyéthylène à haute-densité a contribué à résoudre le casse-tête de la fourniture en matières premières, les effets de la crise pétrolière, qui bat son plein en 1975, ne tardent pas à se manifester : le prix de l'éthylène s'envole. Une solution doit être trouvée de toute urgence dont personne n'ignore qu'elle impliquera un investissement considérable. En fait, deux sorties de crise sont considérées. Dans un premier temps, en coopération avec ICI et d'autres entreprises américaines, Soltex prend des intérêts à hauteur de 25% dans Corpus Christi Petrochemical Company. La firme prévoit la mise en place d'un immense vapocraqueur et d'un réseau dense de pipelines. Dans un second temps, la décision est prise de construire une usine de polypropylène directement à Deer Park. Ces projets sont mis en œuvre dans une période difficile car la surcapacité guette. En outre, comme si cela ne suffisait pas, une « crise du plastique » généralisée se déclenche en 1980.[15] Les entreprises chimiques actives dans la fabrication de polymères sont nettement

[15] Bertrams, Coupain, Homburg, *Solvay*, chapitre 20.

dépendantes des prix du pétrole alors en hausse, mais également d'une série de contraintes technologiques qui interagissent et pèsent sur les coûts. Par exemple, les vapocraqueurs, comme celui de Corpus Christi, ne peuvent pas fonctionner en-dessous d'une certaine capacité (environ 60%) sans subir de pertes majeures.[16]

La pression ne vient pas uniquement des matières premières ; l'industrie du plastique fait face au même moment à une contestation grandissante des militants écologistes. Du fait de l'étendue des produits jetables qu'elle met sur le marché et de sa dépendance à l'égard du pétrole, l'industrie du plastique est la cible d'attaques. Parallèlement, le public prend de plus en plus conscience des risques que représentent les émissions de substances organiques chlorées pour la santé. Les protestations, émanant principalement d'associations environnementales comme Greenpeace, créée en 1971, battront leur plein dans les années 1980 et 1990.[17] Les questions écologiques viennent donc s'ajouter aux préoccupations d'ordre macroéconomique. « Différents facteurs se sont agrégés qui ont contribué à former une mentalité antiplastique qui n'a eu qu'un impact limité sur la législation ou sur la consommation de plastique mais qui a perpétué une image négative du produit ».[18] Cela dit, le problème dépasse la seule industrie du plastique. Le deuxième choc pétrolier, qui a lieu en 1979–80, a de terribles conséquences sur l'économie industrielle en général et sur les industries de l'acier et de la chimie en particulier. La situation provoque des opérations de restructuration et de réorganisation à l'échelle internationale. Seule la France fait figure d'exception. Le mouvement de rationalisation qui y est entamé est immédiatement suivi par une soudaine vague de nationalisations dans la foulée de l'élection de François Mitterrand. À côté des principaux producteurs d'acier (Usinor et Sacilor), les grandes entreprises chimiques françaises comme Rhône-Poulenc, Péchiney et Saint-Gobain sont reprises par l'État en 1982[19].

Soltex, on l'a vu, est aux premières loges de la crise. Mais compte tenu de la magnitude de la récession et de l'ampleur des investissements réalisés dans les polyoléfines, Solvay est également touchée

[16] Aftalion, *Histoire de la chimie*, p. 321.
[17] Bertrams, Coupain, Homburg, *Solvay*, chapitre 21.
[18] Meikle, *American Plastic*, p. 271.
[19] Michel Margairaz, "Mai 1981", dans Jean-Claude Daumas (dir.), *Dictionnaire historique des patrons français*, Paris, Flammarion, 2010, pp. 1343–48.

de plein fouet.[20] Pour la première fois de son histoire, l'entreprise annonce en 1981 qu'elle vient d'enregistrer une lourde perte. Cette nouvelle est ressentie comme un choc par tout le monde. Une année difficile avait été prévue mais l'ampleur des dommages n'a pas été correctement anticipée par le groupe.[21] Sans surprise, la plupart des pertes ont lieu dans les entreprises de polyoléfines. Le vapocraqueur de Corpus Christi a causé un énorme gouffre financier. Il avait déjà été à la base d'une augmentation du taux d'endettement, traditionnellement peu élevé chez Solvay, durant les années 1970. Il est désormais la source d'une contre-performance de taille pour le groupe. Cela dit, l'attention extrême portée à Corpus Christi tend à occulter d'autres secteurs tout aussi sévèrement touchés par la crise, notamment en Europe. Ainsi, les niveaux de production des usines de PVC (Solvic) sont largement inférieurs aux années antérieures. Le partenaire commercial de Solvay, ICI, refuse de compenser le manque de liquidités et fait part de son intention de se désengager de Solvic. En dépit de la situation de trésorerie délicate que ce désengagement provoque, le retrait d'ICI ouvre la voie à l'intégration complète des usines Solvic au sein de Solvay, un processus qui débute à partir de 1984–1985.

Confrontés à des bénéfices revus à la baisse et des perspectives de croissance pour le moins limitées, les actionnaires de Solvay exercent une pression sur les dirigeants. Ils demandent que des mesures radicales soient prises. Une série d'initiatives avaient déjà été prises entre-temps mais elles ont nécessité plusieurs années avant de déboucher sur des résultats concrets. Chez Soltex, des améliorations technologiques sont apportées dans les secteurs du polyéthylène et du polypropylène qui ont pour effet de redéfinir et d'élargir la gamme des lignes de production des polyoléfines. Ces mesures permettent de réduire la cyclicité de ce secteur vulnérable. En outre, depuis qu'il appert que le problème de surcapacité est un problème mondial, Jacques Solvay parvient à mener une action coordonnée de lutte contre la crise au niveau européen. Evidemment, les industriels européens doivent s'accorder avec des dispositions garantissant les principes de libre-concurrence qui ont

[20] Bertrams, Coupain, Homburg, *Solvay*, chapitre 20.

[21] ACS, « Bilan économique 1968–1988. Essai de diagnostic et conclusions » par Paul Washer, 27 mai 1988.

été promulgués par les traités de Rome instituant la Communauté Économique Européenne en 1957. Mais grâce à ses contacts avec le Commissaire européen à la politique industrielle, le vicomte Etienne Davignon, qui s'est distingué en 1977–78 par l'introduction de deux plans d'envergure destinés à enrayer la crise de l'industrie de l'acier en Europe,[22] Jacques Solvay réussit à établir un « cartel de crise » provisoire afin de diminuer les seuils de production, ce qui a pour effet d'écarter immédiatement la menace de surcapacité. D'un autre côté, en plus de ces mesures de transition, Solvay et ses concurrents ont recours aux moyens de défense plus traditionnels, à savoir les techniques de réduction des coûts. Des unités industrielles peu ou non rentables ou en voie d'obsolescence sont fermées, comme les électrolyses à diaphragme de Rosignano (1981) et de Jemeppe (1982), l'unité de PVC à Torrelavega (1983) et la soudière de Sarralbe (1983). Les activités industrielles qui ne sont pas indispensables à l'activité centrale de l'entreprise (pâte à papier synthétique, mousse, peintures, vernis et revêtements, etc.) sont suspendues tandis que des investissements sont effectués dans d'autres secteurs. C'est dans ce contexte que la division « transformation » de Solvay voit le jour dans la première moitié des années 1980 ; elle se concentrera par la suite dans l'industrie automobile à travers la production de réservoirs de carburant. À la suite de la demande pressante du nouveau président du ComEx, Daniel Janssen, le vapocraqueur emblématique de Corpus Christi est vendu en 1987. Enfin, des programmes de réduction des effectifs sont mis en œuvre dans les usines historiques de Couillet et de Jemeppe en Belgique. Ils déclencheront des vagues de grèves « défensives » caractéristiques du contexte de récession.[23] Au final, la réduction du personnel de Solvay est de l'ordre de 10% à travers le monde durant les années 1980. Aussi cruelles soient-elles, les mesures finissent par payer. Dès le milieu des années 1980, les bilans annuels affichent des résultats positifs et prometteurs. Parmi les différentes activités soutenues par le groupe, un segment en particulier affiche un potentiel élevé.

[22] René Leboutte, *Histoire économique et sociale de la construction européenne*, Berne-Bruxelles, Peter Lang, 2008, pp. 486–91.

[23] Vinen, *History in Fragments*, p. 441.

EN ROUTE POUR L'INNOVATION BIOCHIMIQUE

Comme le résume l'historien Alfred Chandler, après le deuxième choc pétrolier, Solvay organise « sa restructuration d'une manière analogue aux plus célèbres entreprises américaines (...) : achat d'unités étroitement liées aux lignes de production dans lesquelles les capacités organisationnelles garantissent leur compétitivité, vente de celles qui sont moins liées aux produits les plus rentables ».[24] Quelles sont ces fameuses « capacités » sur la base desquelles Solvay commence à concentrer son développement industriel ? Avant de répondre à cette question, un aperçu plus général s'impose. Au-delà de leurs conséquences néfastes, les crises économiques des années 1970 engendrent également des transformations positives : le mot « innovation » revient dans toutes les bouches et s'inscrit de manière croissante dans la culture d'entreprise. La plupart des nouvelles technologies qui voient le jour sont issues de petites et moyennes entreprises à faible intensité de capital, dont certaines sont étroitement connectées aux laboratoires de recherche universitaires. Les gouvernements nationaux agissent en tant que stimulateurs pour cette nouvelle variété de transferts technologiques. Aux États-Unis, la loi Bayh-Dole de 1980, permet aux universités d'octroyer des licences de brevets aux entreprises et de percevoir des royalties, même lorsque les projets de recherche ont été initiés par des fonds publics.[25] La dynamique arrive un peu plus tard dans les pays de la Communauté Économique Européenne mais elle n'en est pas moins remarquable pour autant. Quand on évoque les nouvelles technologies, c'est l'industrie de l'électronique et de l'informatique, particulièrement développée au Japon à l'époque, qui vient directement à l'esprit. Cela dit, le domaine de la biotechnologie, en plein essor à la suite d'une série de découvertes faites conjointement par l'industrie et les universités sur l'ADN recombiné et les techniques de génie génétique, est également perçu comme un « jeune secteur en

[24] Chandler, *Shaping the Industrial Century*, pp. 136–37.

[25] David C. Mowery, Richard R. Nelson, Bhaven N. Sampat, et Arvids A. Ziedonis, *Ivory Tower and Industrial Innovation: University-Industry Technology Transfer Before and After the Bayh-Dole Act in the United States*, Stanford, Stanford University Press, 2004, pp. 85–98.

expansion ». Contrairement à l'industrie informatique, la biotechnologie ne procède pas par l'accumulation d'améliorations progressives. C'est une application totalement neuve de la recherche scientifique fondamentale, une technologie dans laquelle ceux qui comprennent la nouvelle idée « sont souvent des scientifiques qui, par conséquent, jouent un rôle déterminant dans son introduction ».[26] Dès lors, durant une étape pionnière, ce sont les petites entreprises dirigées par des scientifiques qui caractérisent l'industrie biotechnologique. Mais, au tournant des années 1980, la situation s'inverse radicalement. Une étude menée sur les créateurs d'entreprises biotechnologiques américaines révèle que « dans la période 1971–80 deux fois plus [de créateurs d'entreprises] ont un profil universitaire plutôt que commercial, tandis qu'au milieu des années 1980, les deux-tiers ont un profil commercial ».[27]

Tout comme les entreprises chimiques américaines (Du Pont, Dow, Monsanto) et leurs concurrents européens (Bayer, Hoechst, Ciba-Geigy, Rhône-Poulenc),[28] Solvay fait son entrée dans les sciences de la vie à la fin des années 1970. Le passage se fait en deux temps successifs mais relativement distincts. La première étape, qui se déroule au début de l'année 1975, n'est pas la conséquence d'un plan d'action délibéré. Elle consiste à augmenter l'actionnariat dans l'une des filiales de Solvay située en Allemagne, Kali-Chemie, une entreprise chimique multinationale de taille modeste mais au profil dynamique et diversifié.[29] L'histoire des intérêts de Solvay dans Kali-Chemie remonte à l'entre-deux-guerres lorsque DSW détient 20% de son capital. Mais ce n'est pas avant le début des années 1950 et le démantèlement d'I.G. Farben que DSW parvient à obtenir la majorité des actions. L'opération, qui s'avère extrêmement délicate, est orchestrée par le financier Hermann Abs, aussi discret que compétent.[30] Depuis, Kali-Chemie poursuit le développement de ses lignes de produits assez indépendamment de Solvay. À la suite

[26] David C. Mowery et Nathan Rosenberg, *Technology and the Pursuit of Economic Growth*, Cambridge-New York, Cambridge University Press, 1989, pp. 260–61.
[27] Bud, *Uses of Life*, p. 193.
[28] Hounshell et Smith, *Science and Corporate Strategy*, pp. 589–90; Chandler, *Shaping the Industrial Century*, pp. 283–85.
[29] Cette section s'appuie largement sur Bertrams, Coupain, Homburg, *Solvay*, chapitre 19.
[30] Concernant cet épisode, voir Bertrams, Coupain, Homburg, *Solvay*, chapitre 13.

d'un accident dans une mine de potassium possédée par Kali-Chemie en 1975, DSW entrevoit la possibilité d'augmenter ses parts de 65% à 78%. Selon le droit allemand des sociétés, le groupe Solvay peut désormais prendre le contrôle effectif de l'entreprise et peser sur sa stratégie industrielle et commerciale. Pour des raisons culturelles, toutefois, plusieurs années seront nécessaires avant qu'une intégration efficace soit réalisée. Par conséquent, Kali-Chemie poursuit de son côté sa politique d'acquisition d'entreprises dans le secteur pharmaceutique. Au vu de son chiffre d'affaires et de ses bénéfices, sa compétitivité est remarquable. Pendant que Jacques Solvay se démène pour réduire les conséquences de la crise pétrolière en Europe et aux États-Unis, la performance de Kali-Chemie lui donne indéniablement quelques idées.

La seconde étape est franchie en 1977 lorsque le Conseil d'Administration de Solvay entérine une nouvelle stratégie commerciale. Les discussions initiales se concentrent sur la fabrication de produits non-cycliques. Le groupe recherche une voie de développement alternative aux matières premières pétrochimiques, durement éprouvées, surtout aux États-Unis. Ce n'est donc pas une coïncidence que la première acquisition de Solvay dans le domaine des sciences de la vie se fasse là-bas. En 1979, Soltex acquiert Salsbury Laboratories, une compagnie spécialisée dans la santé animale, leader mondial de la production de vaccins pour volaille. L'accord est préparé par Jacques Solvay lui-même, avec l'assistance de son réseau américain. Cet achat jette les bases de la transformation, en 1984, de l'ancien holding américain de Solvay en une nouvelle entité unique appelée Solvay America, au sein de laquelle Whitson Sadler est nommé président exécutif. Au cours des années suivantes, Solvay America devient la plaque tournante du groupe conduisant l'expansion du secteur biochimique. Celle-ci passe notamment par l'acquisition, suscitée par Daniel Janssen en 1986, de la firme pharmaceutique Reid Rowell. Entre-temps, un autre achat majeur confirme la « bio-stratégie » de Solvay. Après plus d'un an de négociations, la firme pharmaceutique néerlandaise Philips-Duphar, qui résulte historiquement d'un mariage détonnant entre une multinationale électrique (Philips) et un chocolatier (Van Houten), est rachetée par Solvay en 1980. Les activités industrielles principales de Duphar sont des produits pharmaceutiques, chimiques, vétérinaires, des vitamines, ainsi que des produits destinés à la protection des

Figure 8.5. Karol Wojtyla a été engagé durant la Seconde Guerre mondiale dans une carrière, puis dans une usine possédée par Solvay dans la région de Cracovie. Cela lui a permis d'éviter la déportation en Allemagne. Durant son pontificat, Jean-Paul II rend visite à l'usine de Rosignano en 1982 (Archives Solvay).

cultures. La fabrication de ces derniers contribue d'ailleurs à entacher l'image de l'entreprise néerlandaise peu après qu'une pollution du sol à la dioxine ait été découverte en 1980, plus ou moins quatre ans après le dramatique accident de Seveso en Italie. Les synergies avec Kali-Chemie et Salsbury sont intéressantes à plus d'un titre. Alors que la force de l'entreprise allemande émane de ses activités de vente et de marketing, Duphar met le paquet sur l'innovation avec près d'un quart de son chiffre d'affaires affecté à la recherche.

Dès la « première vague » de diversification dans les polymères et les activités pétrochimiques des années 1950, Solvay peut être considérée comme une entreprise différente de ce qu'elle était au sortir de la Seconde Guerre mondiale. La « seconde vague » de diversification dans les sciences de la vie est un pas supplémentaire franchi dans cette direction. Si l'on jette un coup d'œil au bilan annuel de

1988, l'année du 125ème anniversaire de l'entreprise, le résultat de cette stratégie s'avère tout simplement époustouflant. La division « alcalis, chlore et dérivés » représente 30,7% du chiffre d'affaires de Solvay, les « peroxydes » 7,4%, les « plastiques » 31,8%, « la transformation des plastiques » 18,1% et la « santé » 12%.[31] Plus que des chiffres, la révolution biochimique transforme radicalement le profil de l'entreprise. De 1988 à 2000, le secteur de la santé, et plus particulièrement celui de la santé humaine, représente une contribution significative au chiffre d'affaires de l'entreprise, et surtout à ses bénéfices bruts. En réalité, le groupe n'est foncièrement actif que dans trois secteurs – les produits chimiques, plastiques et pharmaceutiques –, le dernier étant non-cyclique, le plus rentable, et celui dont la croissance est la plus rapide. En 2009, plus de 60% des bénéfices du groupe sont issus du pilier pharmaceutique. Les produits biochimiques ont donc changé Solvay. Une autre étape importante dans l'histoire de l'entreprise familiale a été, après avoir surmonté les barrières psychologiques, sa transformation en société anonyme. Enfin, elle a réagi positivement à une crise profonde, qui a sévèrement touché le secteur chimique et les industries consommatrices de pétrole en particulier. Bien entendu, des réponses apportées à un moment donné peuvent tout à coup se transformer en défis imprévisibles. C'est ce qui finit par se produire au moment où la Guerre Froide s'achève et qu'une incertitude généralisée plane sur la communauté internationale au tournant du vingt-et-unième siècle. Si Solvay a relevé avec succès le défi de la diversification de ses activités, elle doit désormais s'adapter à un monde bien plus diversifié.

[31] Maxime Rapaille, *Solvay, un géant*, Bruxelles, Didier Hatier, 1989, p. 135.

Figure 9.1. Depuis 2004, Solvay est l'un des sponsors principaux du projet *Solar Impulse* de Bertrand Piccard et d'André Borschberg, qui a pour but de développer un avion à énergie solaire. Solvay a largement contribué à son développement à travers ses efforts de recherche, ses polymères fluorés et son traitement du plastique pour les batteries, les cellules photovoltaïques et des éléments de construction de poids léger. (Solar Impulse / Stéphane Gros)

9

Mondialisation et consolidation

– *Dans un vieux conte d'Europe Centrale, un Général allemand dit à son allié autrichien :* « La situation est grave mais pas tragique », *ce à quoi le Général autrichien lui répond :* « Non, mon cher, la situation est tragique, mais pas grave ». *On peut dire que la situation en Europe centrale et orientale aujourd'hui est tragique mais pas désespéré.*

Timothy Garton Ash (Septembre 1988)[1]

– *Dans les années 1980, il était à la mode de prétendre qu'un Japon dynamique dépasserait les États-Unis et que les États-Unis avaient besoin d'urgence de renouveler leurs institutions conformément aux normes japonaises. Dans la première moitié des années 1990, lorsque la productivité était en hausse en Europe, on soutenait que les États-Unis devaient réajuster leur économie en fonction des normes européennes (...). Aujourd'hui, ces deux exemples de « jalousie de système » sont démodés. Pour tout ceux qui sont confrontés aux affirmations péremptoires « d'eurosclérose » et de triomphalisme américain, l'histoire nous rappelle que le temps fera son oeuvre.*

Barry Eichengreen (2007)[2]

LA GUERRE FROIDE EST TERMINÉE

Le 2 mai 1989, les autorités hongroises décident d'abattre la clôture électrique située à l'ouest du pays, malgré le fait que la frontière

[1] Timothy Garton Ash, *The Uses of Adversity. Essays on the Fate of Central Europe*, New York, Vintage, 1990, p. 300.

[2] Eichengreen, *European Economy*, p. 414.

reste officiellement fermée. En moins de deux mois, quelque 25.000 citoyens est-allemands se ruent vers le pays pour y prendre des vacances. Début septembre, un journaliste interroge le ministre des Affaires Étrangères hongrois pour connaître la réaction du gouvernement si les Allemands venaient à se frayer un chemin jusqu'en Autriche. Et le ministre de répondre : « Nous les laisserons passer sans plus de cérémonie et je présume que les Autrichiens les accueilleront ».[3] En un éclair, des milliers de ressortissants est-allemands se précipitent à l'ouest. Il s'agit là de la première brèche dans le rideau de fer et d'une étincelle qui suscitera une crise de panique endémique au sein des partis communistes d'Europe de l'Est. Deux mois plus tard, le 9 novembre 1989, après que de nombreux manifestants de la RDA eurent réclamé du leader Mikhaïl Gorbatchev qu'il prenne ses responsabilités, une conférence de presse a lieu à Berlin. Le porte-parole du gouvernement est sommé de clarifier la situation sur la date d'entrée en vigueur d'une nouvelle législation autorisant les voyages à l'étranger. Le porte-parole, en congé pendant un moment, n'a pas reçu d'instructions claires du parti à ce sujet. Pris de court, il rétorque : « Dès à présent ».[4] Cette déclaration pour le moins surprenante incite des milliers de personnes à se diriger vers Checkpoint Charlie, la Porte de Brandebourg et d'autres endroits le long de la frontière avec Berlin-Ouest. Lorsque les gardiens reçoivent de nouvelles instructions, beaucoup de ressortissants est-allemands sont déjà passés à l'ouest. Le mur de Berlin était rempli de fissures ; il est désormais en passe de s'effondrer. L'Union soviétique, berceau du communisme, suivra en 1991, laissant le capitalisme libéral seul vainqueur sur le ring idéologique. Pour bon nombre d'observateurs, c'est à ce moment que prend fin le « court vingtième siècle ».[5]

La chute de l'empire soviétique et la fin inopinée de la Guerre Froide en 1989–91 ne bouleversent pas la configuration géopolitique héritée des accords de Yalta et de Potsdam de 1945. En Europe de l'Est, où ces frontières auraient pu faire l'objet d'un mécontentement, deux exceptions confirment la règle. La première est la « Révolution de velours » de 1993, qui divise la

[3] Judt, *Postwar*, pp. 612–13.
[4] Mazower, *Dark Continent*, pp. 394–95.
[5] Hobsbawm, *Age of Extremes*, pp. 5–11, 484–87.

Tchécoslovaquie en deux États ; l'autre est la sanglante série de guerres en Yougoslavie qui embrase à nouveau la poudrière des Balkans entre 1991 et 1999.[6] D'un autre côté, il devient évident avec le recul historique que la chute du mur de Berlin n'a pas mécaniquement engendré une Europe plus unie.[7] Au cœur des débats sur la réunification de l'Europe, l'Allemagne concentre tous les regards. Tout comme en 1919 et en 1945, le pays devient le microcosme d'histoire politique de l'Europe. Cependant, contrairement aux éditions précédentes, le « troisième après-guerre » présente un espoir de réconciliation et de fédération. De manière plus générale, la période suivant la Guerre Froide n'est plus, ou ne peut plus être, centrée sur l'Occident. Il serait tentant d'affirmer que le monde devient alors plus multilatéral, mais la division Est-Ouest est alors supplantée par une myriade d'autres divisions à l'échelle mondiale, la division Nord-Sud étant la plus durable d'entre elles. Une trentaine d'années après la dernière vague de décolonisation, l'économie mondiale n'est toujours pas équilibrée, bien que de nouveaux acteurs industriels occupent les devants de la scène. L'engouement pour les marchés émergents – l'acronyme BRIC voit le jour en 2001 – a contribué à déformer l'image d'ensemble de la mondialisation moderne, qui, au final, présente nombre de traits communs avec la vague de mondialisation qui a commencé dans les années 1870 (voir chapitre 3).[8]

« LE VENT DU CHANGEMENT » : RETOUR EN EUROPE CENTRALE ET ORIENALE

Dans une large mesure, la réunification des deux Allemagnes s'inscrit dans le sens de l'histoire. Pourtant, parmi les dirigeants des anciennes « quatre grandes puissances », seul le président américain George Bush (senior) est en faveur de ce processus. À diverses reprises, Margaret Thatcher, François Mitterrand et Mikhaïl Gorbatchev font part de leur réticence à leur homologue allemand, le

[6] Misha Glenny, *The Balkans. Nationalism, War, and the Great Powers, 1804–1999*, Londres, Penguin, 1999, pp. 634–62.
[7] Vinen, *History in Fragments*, pp. 465–69.
[8] Philippe Norel, *L'invention du marché. Une histoire économique de la mondialisation*, Paris, Seuil, 2004, pp. 430–32.

chancelier fédéral Helmut Kohl.[9] Rien de pareil n'a lieu à Solvay ; le doute ne traverse pas l'esprit du PDG de l'entreprise de l'époque. Le petit-fils d'Emmanuel Janssen, Daniel Janssen (°1936) est invité à rejoindre Solvay en 1984 alors qu'il dirige l'entreprise chimique et pharmaceutique « Union Chimique Belge » créée par son grand-père en 1928, peu de temps avant que ce dernier ne se retire de Solvay. Nommé président du Comité Exécutif en 1986, Daniel Janssen ne connaît que trop bien l'histoire dramatique de la perte de Bernburg que son oncle René Boël a vécue et lui a rapportée. Mais il y a bien plus que des liens historiques dans cette histoire. Avant la chute du mur de Berlin, il a initié une importante transformation des activités de Solvay en Allemagne. L'objectif est alors d'intégrer les deux filiales de Solvay, DSW et Kali-Chemie au sein d'une nouvelle entité dans le groupe Solvay.[10] Le processus menant à la création de Solvay Deutschland est en cours lorsque le mur de Berlin s'effondre.

Contrairement à certains pays d'Europe de l'Est, les autorités de la RDA n'ont jamais octroyé un *pfennig* à Solvay en compensation de la « supervision » de Bernburg et des cinq autres usines est-allemandes. La reconnaissance officielle de la RDA par le gouvernement belge en 1972 a dégagé une certaine marge de manœuvre pour reprendre les négociations, mais cet intermède fut de courte durée. C'est donc en tout logique que Solvay demande de récupérer Bernburg gratuitement. Lorsque les discussions reprennent en mars 1990, des négociations diplomatiques et industrielles se chevauchent. Sur le plan politique, il reste toujours de nombreux obstacles juridiques à surmonter. Un accord d'union monétaire et économique entre les deux Allemagnes aboutit en juillet 1990, le traité de réunification entrant en vigueur le 3 octobre de la même année.[11] Au niveau de l'usine, les difficultés sont nombreuses. Pour la délégation de Solvay venant de Bruxelles, l'obsolescence des infrastructures de Bernburg est frappante. La soudière emploie toujours 1.800 travailleurs et est en

[9] Heinrich A. Winkler, *Germany. The Long Road West, 1933–1990*, vol. 2, Oxford-New York, Oxford University Press, 2000, pp. 519–21.

[10] Cette section s'appuie essentiellement sur Bertrams, Coupain, Homburg, *Solvay*, chapitre 20.

[11] Eichengreen, *European Economy*, pp. 318–19.

Figure 9.2. L'usine de Bernburg (ici en 1991) a été séquestrée par le régime communiste d'Allemagne de l'Est. Elle est récupérée après la chute du mur de Berlin pour un Deutsche Mark symbolique. (Archives Solvay)

surproduction. De toute évidence, le système de planification centrale s'est avéré inefficace. Un accord final entre en vigueur le 1er septembre 1991, prévoyant une réduction stricte de la main-d'œuvre ainsi qu'un plan de modernisation des infrastructures principales. Cependant, en grande partie du fait de la hâte avec laquelle les étapes de la réunification ont été franchies, la situation économique de l'Allemagne se détériore rapidement. Le début des années 1990 est aussi difficile pour Solvay, qui présente des résultats inférieurs à ceux escomptés. Des plans de réduction des coûts sont mis en œuvre partout en Europe (voir ci-dessous). L'intégration de Solvay Deutschland se déroule dès lors à un moment délicat, mais les efforts et les gros investissements finissent par porter leur fruit : la nouvelle soudière de Bernburg entre en service en 1994, suivie par l'unité de peroxyde d'hydrogène en 1995.

L'encre de l'accord de Bernburg est à peine sèche que Solvay décide de progresser davantage vers l'est de l'Europe. Bien sûr, se remémorant les « bons vieux jours » de Solvay-Werke, Zakłady Solvay et d'autres participations prospères en Europe centrale et orientale, l'entreprise a bien des raisons de poursuivre sur sa lancée. Cela dit, d'après les critères de 1990, la région est devenue à bien des égards une *terra incognita*. Comme on peut s'y attendre, la première percée se fait par le biais des contrats commerciaux. Déjà du temps de la RDA, de nombreux produits estampillés Solvay circulaient à l'est du rideau de fer. Désormais, des bureaux de vente officiels doivent être créés dans la région. Avant de penser à une expansion industrielle, le socialisme d'État doit faire place à un capitalisme de « libre-marché ». Mais la « transition », si transition il y a, est vécue douloureusement : l'Europe centrale et orientale est frappée par une profonde crise. Certains économistes parlent de nécessaires « réajustements structurels » tandis que d'autres pointent les mauvais choix en termes de politique économique. Comme l'énonce un observateur, « un marché régulé au lieu d'une marché autorégulé, une économie mixte avec un secteur public efficace et restructuré auraient généré, du moins initialement, une transition plus organique du plan vers le marché. Une telle approche a été immédiatement rejetée ».[12] Par conséquent, de 1991 à 1993, le PIB et la production de la région déclinent de 25–30% et 30–40%, respectivement. C'est dans ce contexte récessif que les négociations s'éternisent. Ce n'est finalement qu'en 1996 que Solvay annonce la conclusion d'un accord, à savoir l'acquisition de la soudière de Devnya en Bulgarie, sur la Mer Noire.[13] Il s'agit là d'un accomplissement majeur : Devnya est une installation moderne et la plus grande usine du groupe en termes de capacité. Dans les années qui suivent, à grands renforts d'investissements, l'entreprise baptisée Solvay Sodi devient la tête de pont de l'expansion de Solvay sur les marchés situés en Europe du Sud-Est, jusqu'au Moyen-Orient et en Asie Centrale. Paradoxalement, avec l'Albanie, la Bulgarie est le seul pays où Solvay ne possédait pas d'usines avant 1945. Le tableau est inversé dans les années 1990 étant donné que les tentatives de

[12] Berend, *Economic History of Europe*, p. 186.
[13] Bertrams, Coupain, Homburg, *Solvay*, chapitre 21.

Figure 9.3. Au début des années 1990, Solvay effectue son retour en Europe de l'Est. En 1996, l'entreprise acquiert la grande usine de carbonate de soude de Devnya en Bulgarie, sur la Mer Noire. Cette usine fait la fierté du pays : elle apparaît sur le billet de dix Lev bulgares de l'époque. (Banque nationale de Bulgarie)

Solvay pour récupérer ses anciennes usines en Pologne (Podgórze et Inowrocław) et en Russie (Berezniki) ont échoué.

TIGRES ET DRAGONS : SOLVAY EN ASIE

La fin de la Guerre Froide a durablement transformé les sociétés européennes. Mais un autre processus, plus large et plus profond, s'est déroulé simultanément : le début de la seconde mondialisation de « fin-de-siècle ». Sur le plan économique, il est désormais indéniable qu'il existe un monde au-delà de l'Europe et des États-Unis, plutôt que derrière ceux-ci. À partir du milieu des années 1980 jusqu'à la crise financière de 1997–98, la région Asie-Pacifique est la région du monde qui connaît la plus grande croissance économique. Ce territoire comprend un arc de pays qui s'étend du Japon et de la Corée au Nord-Est, à l'Indonésie, Singapour, et au sud de la Chine au Sud-Est. De nombreux indicateurs montrent que ces économies atteignent une croissance de 8% par an et représentent approximativement deux-tiers des dépenses du capital mondial.

Leur implication dans la production mondiale est de loin la plus impressionnante. Entre 1980 et 2005, l'économie asiatique passe de 23,5% de la production industrielle mondiale à 40,1%, alors que les pays européens chutent de 40,1% à 27,7%. L'évolution des deux continents est donc strictement opposée. En Asie du Sud-Est, la croissance industrielle quadruple en vingt-cinq ans.[14] Comme le souligne un économiste, la croissance économique spectaculaire des marchés émergents de l'Asie de l'Est « fascine le reste du monde ». Avant la crise financière de 1997–98, poursuit-il, « il semblait possible et même probable que ces économies deviennent le centre de l'économie mondiale au début du vingt-et-unième siècle ».[15] Seule une poignée d'analystes nuancent le tableau d'une croissance infinie. Avec son ironie habituelle, l'économiste Paul Krugman écrit quelques semaines avant la dépression asiatique : « à moins d'un bouleversement politique de grande ampleur, il est vraisemblable que la croissance en Asie de l'Est continuera de distancer la croissance à l'ouest durant la prochaine décennie et même au-delà. Mais cela ne se produira pas au même rythme que les années précédentes. Du point de vue de l'année 2010, il se peut que les prévisions actuelles concernant la suprématie asiatique extrapolées par des tendances récentes soient aussi absurdes que le furent les prévisions des années 1960 annonçant la suprématie industrielle soviétique à l'aune des années Brejnev ».[16]

Après des initiatives commerciales modestes pendant les années 1960 et 1970, Solvay lance une grande offensive industrielle en Asie au début des années 1980.[17] Les premières étapes sont l'œuvre de Claude Loutrel, proche collaborateur de Jacques Solvay et membre du Comité Exécutif. Dès le début de sa présidence en 1986, Daniel Janssen insuffle une dynamique forte et décisive dans la stratégie asiatique. La première mission en Asie du Sud-Est est organisée en janvier-février 1985 ; elle débouche sur l'ouverture de bureaux de vente à Singapour et à Hong Kong et, plus tard, en Corée du Sud ainsi qu'au Japon. Rapidement, d'autres voyages seront effectués.

[14] Laurent Carroué, *Géographie de la mondialisation*, Paris, Armand Colin, 2007, p. 163.

[15] Robert Gilpin, *The Challenge of Global Capitalism. The World Economy in the 21st Century*, Princeton and Oxford, Princeton University Press, 2000, p. 265.

[16] Paul Krugman, *Pop Internationalism*, Cambridge (Ma), MIT Press, 1997, p. 184.

[17] Bertrams, Coupain, Homburg, *Solvay*, chapitre 20.

Plusieurs options industrielles sont à l'étude en Chine, en Indonésie et à Taïwan. Finalement, c'est la Thaïlande qui est choisie en 1986. Solvay décide de construire une usine de peroxyde d'hydrogène via la coentreprise Interox (Solvay-Laporte) à Map Ta Phut, au sud de Bangkok, qui dispose d'un accès aisé au gaz naturel du Golfe de Thaïlande. Peroxythai, c'est son nom, ouvre rapidement la voie à un autre projet ambitieux, à savoir la construction d'une usine de PVC en 1988, Vinythai, également à Map Ta Phut. Elle sera considérablement agrandie dans la première décennie du vingt-et-uniéme siècle. Environ au même moment, la destination sud-coréenne prend forme. Une série d'accords sont signés, d'abord entre Kali-Chemie et Samsung pour la fabrication de sels spéciaux destinés à la production d'écrans de télévision, ensuite entre Solvay et la filiale de Nissan, Kasaï, dans le secteur de la transformation des plastiques. Enfin, Solvay atteint le marché japonais en deux étapes : via la création d'une filiale appelée Solvay Development (Japan) en 1985, d'une part, et par l'ouverture de bureaux de ventes Nippon Solvay à Tokyo en 1987, d'autre part.

Pour Solvay, la Thaïlande, la Corée du Sud et le Japon ne sont qu'un début. Des négociations avec l'Inde sont entamées. Cependant, à l'exception des contrats signés dans les activités de santé animale qui sont cédées en 1996, les négociations sont d'abord assez limitées. Ce n'est qu'en 2006 que la société acquiert Gharda Polymers et, en mai 2012, qu'elle inaugure un centre de R&D à Savli, dans l'État de Gujarat. C'est la preuve que la force d'attraction du marché indien ne faiblit pas. À la fin des années 1980, Solvay se tourne vers le marché chinois. Dans le sillage de l'emblématique Premier ministre de Singapour, Lee Kuan Yew, qui est parvenu à attirer les plus puissantes entreprises du monde pour forger sur son île une nouvelle forme de capitalisme d'État, le leader chinois Deng Xiaoping met en œuvre, depuis 1978, une politique d'ouverture économique qui combine mondialisation, corporatisme et autoritarisme.[18] En comparaison avec son rival politique, Mao, Deng a tout d'un pragmatique. Une de ses citations les plus connues permet de s'en rendre compte : « Peu importe qu'un chat soit noir ou blanc, du moment qu'il attrape des souris ». Par-delà les

[18] « State Capitalism: the visible hand », *The Economist*, 21 jan. 2012.

Figure 9.4. Solvay répond à la mondialisation en renforçant sa présence en Asie. En 1988, à l'occasion du 125ème anniversaire de l'entreprise, les représentants de Solvay entament une « offensive de charme » en Asie du Sud-Est pour agrandir leur réseau. Le CEO Daniel Janssen (au milieu) rencontre ici Bhumibol, le roi de la Thaïlande (sur la droite) en présence de l'Ambassadeur de Belgique Patrick Nothomb (sur la gauche). (Archives Solvay)

conditions particulières de l'accueil, faire des affaires avec la Chine demande aux entrepreneurs étrangers de faire davantage preuve de diplomatie que d'ambition. Des années seront nécessaires à Solvay pour parvenir à développer des activités fructueuses dans l'Empire Céleste. Mais une fois les contacts établis, les perspectives de réussite s'avèrent très prometteuses.

APRÈS 1993, CONCENTRATION SUR LES MÉTIERS PRINCIPAUX

L'euphorie de la dérégulation et la croissance rapide de la fin des années 1980 sont de courte durée. Le déclenchement de la (première) guerre du Golfe provoque un bouleversement économique qui atteint son paroxysme dans les années 1990–1993. À partir de la moitié des années 1990, jusqu'à la première décennie du vingt-et-unième siècle, des périodes de croissance (parfois intense) à l'échelle mondiale succèdent à des crises financières et monétaires nationales ou continentales : Mexique (1995), Asie (1997–98), Brésil (1998), Russie (1999), Turquie et Argentine (2000), Turquie, Brésil et Uruguay (2002).[19] Il est trop tôt pour dire si ces épisodes font partie d'une réaction en chaîne qui allait mener à la récession mondiale de 2008–09. En revanche, ces économies ont immanquablement dû faire face, et doivent encore faire face actuellement, aux aléas du système financier mondial. En plus des chocs boursiers, les crises politiques internationales, comme les attaques terroristes du 11 septembre 2001 à New York et Washington, ne contribuent pas à stabiliser la planète. Parallèlement, les quinze dernières années témoignent d'un accroissement de la compétition mondiale. La variabilité des coûts salariaux et d'autres différentiels économiques et sociaux entre régions débouchent sur un phénomène de délocalisation industrielle vers les pays en développement. Inversement, ces paramètres accélèrent le mouvement de désindustrialisation en cours dans les économies traditionnellement « avancées », ce qui se traduit par la fermeture d'usines et la disparition de la classe ouvrière. Sous l'administration du président américain Bill Clinton, des accords internationaux et des organisations supranationales tentent, d'une certaine manière, de juguler les effets induits par la globalisation financière et commerciale, mais la portée et le succès de ces efforts sont relatifs.[20]

Solvay n'échappe pas à la récession de 1991–93. Comme lors des chocs pétroliers des années 1970, l'industrie des plastiques de masse est frappée de plein fouet par la crise.[21] Cette fois-ci, pourtant, la division des alcalis n'est pas parvenue à combler les pertes subies par le département plastique. Elle est dans le rouge dès 1993. La chute de la croissance nette fait de l'année 1993 la pire jamais enregistrée

[19] Cécile Bastidon-Gilles, Jacques Brasseul et Philippe Gilles, *Histoire de la globalisation financière*, Paris, Armand Colin, 2010, pp. 234–72.

[20] Ian Tyrell, *Transnational Nation. United States History in Global Perspective since 1789*, Basingstoke-New York, Palgrave MacMillan, 2007, pp. 220–21.

[21] Cette section s'appuie sur Bertrams, Coupain, Homburg, *Solvay*, chapitre 21.

par Solvay. Cette situation incite Daniel Janssen à lancer un plan de restructuration à l'échelle mondiale. Il implique non seulement l'interruption de certaines installations à Jemeppe, Tavaux, et Linne-Herten, mais également la fermeture de l'usine de PVC de Hallein en Autriche, celle de la soudière de Heilbronn en Allemagne et, aussi douloureux soit-il pour le descendant d'Ernest Solvay, de l'usine historique de Couillet, où tout avait commencé. L'idée était dans l'air depuis un certain temps mais son exécution avait toujours été repoussée « jusqu'à nouvel ordre ». Finalement, la décision tombe le 24 mai 1993. Le personnel et la région tout entière encaissent difficilement le choc. L'héritage social de Solvay avait jusqu'alors toujours été encensé. Plus tard, Daniel Janssen confiera que cet épisode a été « la décision la plus douloureuse de sa carrière ». Si l'on ajoute à cela les campagnes d'information spectaculaires organisées en mars 1993 par Greenpeace et d'autres militants écologistes contre les activités de production de Solvay en chimie du chlore, on peut affirmer que 1993 est l'*annus horribilis* de la société. L'année suivante, en dépit des premiers signes de reprise, le Comité Exécutif décide de prolonger le plan de restructuration en vue de rétablir la rentabilité et d'inverser le cours structurel de la récession. Après une contraction progressive du personnel entre 1992 et 1998, la main-d'œuvre passe de 46.858 à 33.100 unités.

Parallèlement à l'exécution de son plan social, Solvay centre sa stratégie sur trois objectifs : renforcer son leadership de direction et de production, accroître sa rentabilité et faire croître ses activités principales. À différents niveaux, cette politique est conforme à celle qui est adoptée par d'autres entreprises chimiques mondiales de l'époque.[22] Après le credo de la diversification des années 1970 et la tendance à l'expansion géographique du milieu des années 1980, le milieu des années 1990 se caractérise par un recentrage sur les principales « lignes de force ». De toute évidence, le poids croissant de la compétition mondiale a contribué à réduire la gamme des lignes de production de la société et à revoir les domaines dans lesquels elle s'était forgé un avantage comparatif. Corrélativement, l'instabilité de la situation économique, ainsi que la détérioration de l'image des entreprises chimiques à la suite de plusieurs accidents

[22] Abelshauser *et al.*, *BASF*, pp. 616–17.

industriels, ont été autant des facteurs qui ont conduit à un changement des pratiques et des mentalités. Ce n'est dès lors pas une coïncidence si Solvay S.A. et d'autres entreprises chimiques ont commencé à intégrer les principes de développement durable, de gestion responsable, et de communication des risques. De manière plus générale, les idées d'éthique des affaires, d'amélioration des conditions sociales et de responsabilité environnementale, qui sont toutes comprises dans les modèles de « responsabilité sociale d'entreprise », percolent dans les grandes firmes. Le 24 juin 1995, un article d'un journal influent donne le ton : « l'entreprise fructueuse de demain ne peut désormais plus se permettre d'être une institution anonyme qui ne fait rien d'autre que vendre le bon produit au meilleur prix. Elle devra se présenter davantage comme (. . .) un acteur intelligent, d'une droiture irréprochable, qui porte des jugements moraux sans équivoque pour avoir un impact sur ses relations avec ses employés et à travers le monde ».[23]

À Solvay, la focalisation sur les produits phares débouchent naturellement sur une réflexion sur le carbonate de soude. Durant les années 1990, Solvay acquiert trois grandes soudières : à Bernburg en Allemagne (1991), à Green River aux États-Unis (1992), et à Devnya en Bulgarie (1997). L'acquisition de l'usine de Green River de Tenneco, qui exploite de la soude naturelle, peut être vue comme le plus grand effort de Solvay pour obtenir une emprise forte et incontestée sur le marché américain de la soude. De ce fait, Daniel Janssen achève un projet initié par René Boël et développé par Jacques Solvay. Malgré son prix élevé, Green River améliore la position mondiale de l'entreprise en réduisant la pression à l'importation venant d'Europe et en ouvrant le chemin vers l'Asie et l'Amérique Latine. En termes de développement durable, qui plus est, cette acquisition s'avère être une décision visionnaire. L'acquisition de Devnya est, elle aussi, stratégique et opportune. Reprendre cette immense soudière, qui a nécessité de se frotter à des concurrents de taille, est aussi une prise de risque par rapport

[23] *The Economist*, 24 juin 1995, cité dans Kevin T. Jackson, *Building Reputational Capital*, Oxford-New York, Oxford University Press, 2004, p. 19. En 2012, l'auteur précité occupait la chaire Daniel Janssen de Corporate Social Responsibility à la Solvay Brussels School of Economics and Management de l'Université Libre de Bruxelles.

à la situation économique instable en Bulgarie. Pourtant, cela n'entame pas la motivation de Solvay : l'accord final est conclu en avril 1997. Comme nous le savons, le PVC est l'autre produit phare de Solvay depuis les années 1950. Grâce à ses usines situées en Thaïlande et en Amérique du Sud, où Solvay a renforcé sa position, l'entreprise se situe sur le podium mondial de la fabrication de PVC. La menace de surcapacité de la fin des années 1980 pousse le groupe à rebattre les cartes. Fondamentalement, cela consiste à favoriser les synergies de sa stratégie d'approvisionnement en matières premières, de même qu'à concentrer la production de PVC sur des unités moins nombreuses mais de plus grande taille. Conformément à cette ligne directrice, un accord de coopération important est conclu en 1999 avec BASF, selon lequel Solvay obtient un accès à des craqueurs pour l'approvisionnement en éthylène et autres matières premières. À la suite de cet accord, des usines sont fermées (Ferrare et Lillo-Antwerp) et d'autres accords de partenariat avec d'importantes compagnies pétrolières en France et en Espagne prennent fin. Cette série de mesures permet à Solvay d'aborder avec confiance le cap du du troisième millénaire.

LES YEUX RIVÉS SUR LE 21ème SIÈCLE

En 1998, pour la première fois dans l'histoire de l'entreprise, une personne ne faisant pas partie de la famille devient président exécutif de Solvay.[24] Aloïs Michielsen (°1942) succède à Daniel Janssen, qui devient quant à lui président du Conseil d'administration. Il est loin d'être un inconnu dans le groupe. En réalité, il se peut qu'il en sache davantage sur l'entreprise familiale que bon nombre de membres de la dynastie Solvay. Ingénieur chimiste de l'Université de Louvain ayant participé à un programme d'administration des affaires à l'Université de Chicago, Michielsen est entré chez Solvay en 1969. Il y a longtemps travaillé dans le secteur de la transformation du plastique, une division qui a subi de nombreux changements depuis les années 1970. Mais la rationalisation internationale de l'industrie des polyoléfines est encore plus impressionnante après la

[24] Cette section s'appuie sur Bertrams, Coupain, Homburg, *Solvay*, chapitre 22.

crise de 1991–93. Une vague de fusions, d'acquisitions et d'alliances mondiales bouleverse l'industrie du polyéthylène et du propylène. Solvay sent de plus en plus l'ombre des colosses pétroliers multinationaux peser sur elle. Non seulement ils affectent sa position mondiale dans le commerce des polyoléfines en tant que tel, mais ils menacent également ses activités en aval, dans les autres plastiques et leur transformation. Une entreprise de consultance suggère alors à Solvay de nouer une alliance stratégique avec l'une de ces compagnies pétrolières. Grâce à des réseaux interpersonnels, les négociations sont en bonne voie avec la société Petrofina. Mais en 1998, le raffineur belge est absorbé par la firme française Total, une opération qui aboutira, en 2000, à la naissance de TotalFinaElf, la cinquième compagnie pétrolière du monde. Au même moment, British Petroleum (BP) rachète la compagnie américaine Amoco donnant lieu à la plus grande fusion industrielle au monde.[25]

L'une des priorités de BP Amoco est alors de posséder une usine de polyoléfines. Après que le groupe eut marqué son intérêt pour l'achat de l'usine de polyéthylène haute densité de Deer Park, Solvay lui fait une contre-proposition : BP reprendrait l'ensemble des activités de Solvay en matière de polyoléfines, y compris les usines européennes moins lucratives. Dans un second temps, BP céderait à Solvay ses « polymères spéciaux » dotés d'une grande valeur ajoutée. Les négociations suivent leur cours pendant plusieurs mois mais aboutissent finalement en août 2001, juste avant les attaques du 11 septembre, qui secouent le secteur pétrolier. Grâce à cet échange d'activités, Solvay fait d'une pierre trois coups. Elle se retire d'une industrie qu'elle songeait à quitter depuis quelques temps; elle maintient une position de force aux Etats-Unis où sont concentrés les « polymères spéciaux » de BP Amoco ; enfin, les polymères de pointe dont elle hérite sont bien moins cycliques que l'activité contre laquelle elle vient de les échanger. Mais ce n'est pas tout. Pendant que les négociations étaient au point mort, Solvay a entamé des discussions avec l'entreprise italienne Ausimont, une filiale de Montedison spécialisée dans la production de polymères fluorés. Si la synergie avec Solvay était intéressante, la complémentarité avec

[25] Francisco Parra, *Oil Politics. A Modern History of Petroleum*, Basingstoke-New York, Palgrave MacMillan, 2004, pp. 324–26.

Figure 9.5. Les négociateurs de l'accord Solvay-BP, grâce auquel Solvay échange son activité de polyoléfines à faible valeur ajoutée contre les polymères spéciaux de BP. Au premier rang, de gauche à droite : Henri Lefèbvre (Plastiques Solvay), Michael Buzzacott (produits pétrochimiques de BP), Byron Elmer Grote (Directeur exécutif de BP) et Aloïs Michielsen (CEO de Solvay). (Archives Solvay)

Solvay après son échange de portefeuille avec BP Amoco est une véritable aubaine. Les tractations s'avèrent pourtant laborieuses. Elles requièrent l'intermédiation de contacts privés et professionnels. Lorsque l'opération aboutit, en décembre 2001, elle représente le plus grand achat de l'histoire de Solvay (compensé par le compromis avec BP Amoco). Peu après l'acquisition d'Ausimont, Solvay figure à la pointe de la production de polymères technologiquement avancés. Sur une période de temps relativement brève, l'entreprise a, une fois de plus, remodelé son profil industriel.

Lorsque, en mai 2006, Christian Jourquin (°1948) succède à Aloïs Michielsen en tant que président du Comité Exécutif, il reprend également le fil des transformations. La nomination de Jourquin n'est pas vraiment une surprise – cela fait 35 ans qu'il est chez Solvay (et davantage encore, si l'on tient compte de sa formation à l'Ecole de commerce Solvay de l'Université Libre de Bruxelles). Le choix du Conseil d'administration représente pourtant une nouvelle rupture majeure avec la tradition de l'entreprise : pour la première fois en 143 ans, les deux plus hauts postes de la société sont occupés par des personnes extérieures à la famille. Si l'entreprise familiale avait l'intention de prouver qu'elle n'était pas hermétique au changement, ce choix en fournit donc la preuve éclatante. Une fois en place, Jourquin tire parti de l'engagement mondial de Solvay en termes d'innovation initié par Daniel Janssen et étendu par Aloïs Michielsen. Une singulière illustration de cette campagne pour l'innovation est l'important sponsoring que Solvay consacre au projet *Solar Impulse* à partir de 2003. Inspiré par l'aéronaute et ancien psychiatre Bertrand Piccard et l'ingénieur et entrepreneur André Borschberg, le projet *Solar Impulse* consiste à construire un avion qui fonctionne exclusivement à l'énergie solaire. L'implication de Solvay va bien au-delà du simple financement ; il consiste à fournir une expertise technique, ainsi qu'une large gamme des tout derniers matériaux de pointe fabriqués par l'entreprise. Pour l'anecdote, Bertrand Piccard est le petit-fils du physicien et inventeur infatigable Auguste Piccard, professeur à l'Université Libre de Bruxelles et participant régulier aux Congrès de physique Solvay dans les années 1920. Après des premiers tests réussis sur un prototype, le *Solar Impulse*, piloté par Borschberg accomplit un vol de 26 heures le 8 juillet 2010. C'est un succès retentissant pour le projet et une publicité bienvenue pour Solvay. Une seule faille à signaler : la batterie de l'iPod de Borschberg n'a pas survécu aux conditions de gel dues à l'altitude.[26]

Plus sérieusement, une énorme opération se prépare pendant ce temps chez Solvay. En tant que spécialiste des produits pharmaceutiques, ayant débuté sa carrière dans ce domaine, Jourquin connaît mieux que personne les fluctuations du marché pharmaceutique. Tout comme l'industrie du pétrole, le secteur pharma a été affecté dans les années 1990 par une série de fusions et d'acquisitions qui ont mené à la création d'immenses entreprises à forte intensité de recherche et de capital. Dans un premier temps, en 1994–1996, Solvay a réagi en abandonnant ses activités dans le domaine des enzymes, de la protection des cultures et de la santé animale. La priorité est alors la santé humaine, qui mobilise plus de la moitié des dépenses du groupe en R&D. Cette stratégie porte ses fruits au tournant du vingt-et-unième siècle, lorsque d'importants bénéfices sont obtenus à la suite d'une stratégie d'acquisitions externes. L'achat le plus spectaculaire est celui de l'entreprise pharmaceutique Fournier, en août 2005. La perspective à long terme, en revanche, pose davantage question. Solvay doit faire face à une série d'échecs dans l'homologation de nouveaux médicaments après que des essais successifs ont été réalisés à la demande de la puissante Food & Drugs Administration américaine. Il en résulte un tarissement du stock de médicaments issus de la recherche. En outre, la branche pharmaceutique doit faire face à la recrudescence des opérations de fusion qui font les gros titres de la presse financière (GlaxoSmithKline en 2000, Sanofi-Aventis en 2004, Pfizer-Wyeth en 2009 et Merck-Schering-Plough en 2009). Solvay Pharmaceuticals, bien qu'en plein essor, doit lutter pour survivre dans cet environnement ultra compétitif. Au début des années 2000, l'entreprise manque pourtant de masse critique, un peu à l'image de Philips-Duphar au cours des années 1970. Des options sont explorées, des enquêtes discrètes sont menées. En 2009, le bruit court dans les milieux bien informés que Solvay envisage de revendre ses activités pharmaceutiques. On apprend par la suite que l'entreprise américaine Abbott, le numéro huit du marché pharmaceutique mondial (2012), a proposé l'offre la plus intéressante parmi plusieurs candidats sérieux.

[26] *The New York Times*, 9 juillet 2010.

« Grâce à cette transaction », déclare Christian Jourquin, « Solvay Pharmaceuticals a trouvé un nouveau foyer stable au sein d'une entreprise respectée disposant d'une position solidement ancrée dans le secteur ».[27] Au cours des semaines suivantes, 9.000 employés sont transférés à Abbott. Mais à peine un an après cette acquisition, Abbott annonce son intention de réduire son personnel de recherche. Pas moins de 800 anciens membres de Solvay à Weesp et Hannovre sont concernés par la mesure.

Comme l'écrit Ernst Homburg, « Solvay est devenue une entreprise complètement différente, qui se tient sur deux pieds – les produits chimiques (44%) et plastiques (56%) – plutôt que sur trois ».[28] Par conséquent, le produit financier du contrat conclu avec Abbott – pas moins de 4,5 milliards d'euros – fait l'objet de nombreuses rumeurs. Le déclenchement soudain de la crise financière de 2008 et son extension rapide dans la sphère économique mondiale incitent alors Jourquin à ne pas prendre de décision hâtive. Jusqu'à fin 2010, la pression en vue d'une éventuelle acquisition s'accroît considérablement. Un plan stratégique et social surnommé « Projet Horizon » a été lancé au début de l'année avec l'aide de consultants. Ceux-ci suggèrent l'introduction de mesures de restructuration en vue de se rapprocher du client ainsi que la mise en œuvre d'une nouvelle vague de réduction de personnel à effectuer dans les trois ans. En parallèle, le siège social est déplacé du site historique d'Ixelles vers le Centre de Recherches et de Technologies de Neder-over-Heembeek. Le 4 avril 2011, Solvay annonce finalement qu'une offre d'achat amicale de la compagnie chimique française Rhodia vient d'être convenue entre les deux parties. Il s'agit sous tous points de vue d'un accord majeur qui double quasiment les chiffres de ventes annuelles de Solvay. Issue de l'entreprise chimique diversifiée Rhône-Poulenc –résultat elle-même d'une longue histoire[29] – Rhodia est devenue une firme indépendante en 1999, lorsque Rhône-Poulenc a fusionné ses activités pharmaceutiques avec Hoechst et

[27] *The Financial Times*, 28 septembre 2009.

[28] Bertrams, Coupain, Homburg, *Solvay*, chapitre 22.

[29] Voir Pierre Cayez, *Rhône-Poulenc, 1895–1975. Contribution à l'étude d'un groupe industriel*, Paris, Armand Colin-Masson, 1988; *Innovating for Life: Rhône-Poulenc, 1895–1995*, Paris, Albin Michel, 1995.

Figure 9.6. L'acquisition de Rhodia par Solvay en 2011 s'apparente à une fusion de groupes de taille égale. Jean-Pierre Clamadieu, le PDG de Rhodia, est appelé à succéder à Christian Jourquin en 2012 à la tête de Solvay. Ensemble, ils entament une tournée mondiale des sites de Solvay et Rhodia pour expliquer la logique d'intégration et répondre aux questions des employés. (Archives Solvay)

Aventis. Rhodia s'est dès lors spécialisée dans certains produits chimiques (phosphates), les fibres et les polymères. Lorsque Jean-Pierre Clamadieu accède au poste de PDG de Rhodia en 2003, sa priorité est d'accroître le recentrage de la société sur les positions industrielles fortes et de réorganiser l'entreprise conformément à cette stratégie. En plus des complémentarités des deux entreprises en termes de production, Solvay peut également compter sur une synergie géographique tout à fait adéquate. L'Asie et, dans une moindre mesure, l'Amérique latine constituent les points nodaux de cette expansion mondiale.

Naturellement, une fusion de cette ampleur soulève la question de l'intégration, qui est certainement l'un des plus grands défis que doit relever Solvay à l'aube de son 150ème anniversaire. La désignation de Jean-Pierre Clamadieu comme successeur de Christian Jourquin en tant que président exécutif du nouveau groupe le 10 mai 2012 est

Figure 9.7. Nicolas Boël (avant-plan) est nommé président du Conseil d'administration de Solvay en 2012. Petit-fils de René Boël et d'Yvonne Solvay, il incarne la continuité familiale au sein des plus hautes instances décisionnelles du groupe. Ici, il inaugure une installation de récupération du méthane issu d'un gisement de trona, sur le site de Green River (Wyoming). (Solvay Archives)

synonyme de changements à venir. D'un autre côté, c'est Nicolas Boël, héritier direct des familles fondatrices, qui remplace Aloïs Michielsen en tant que président du Conseil d'administration. En termes d'orientation industrielle, la reprise de Rhodia reste dans la lignée d'une stratégie centrée sur la rentabilité et les produits phares définie au début des années 1990. Cependant, d'un point de vue plus général, le nouveau tandem incarne deux des caractéristiques essentielles de l'entreprise depuis ses origines : une position internationale solide et une culture d'entreprise basée sur le leadership familial.

CONDITIONS D'UTILISATION

1. Licence

(a) Cambridge University Press confère au consommateur une licence non-exclusive et non-transférable pour l'utilisation de ce DVD **soit** (i) utilisé sur un seul ordinateur par une ou plusieurs personne(s) à des moments différents **soit** (ii) par un seul utilisateur sur un ou plusieurs ordinateurs (à condition que le DVD fourni soit utilisé uniquement sur un ordinateur à la fois et toujours par le même utilisateur).

(b) Le consommateur n'est pas autorisé à: (i) copier ou autoriser la copie du DVD, à l'exception des clients de bibliothèques qui peuvent faire une copie à des fins d'archivage uniquement, (ii) traduire le DVD, (iii) faire de la rétroingénierie, désassembler, ou décompiler le DVD, (iv) transférer, vendre, attribuer, ni d'une autre manière transmettre aucune partie du DVD, ni (v) faire fonctionner le DVD à partir d'un système de réseau ou d'un ordinateur central.

(c) Le consommateur peut utiliser le DVD à des fins éducatives et de recherches comme suit:
Le matériel contenu sur un seul écran peut être imprimé et utilisé en toute bonne foi/loyauté;
Les images peuvent être téléchargées à des fins pédagogiques de bonne foi, mais elles ne peuvent pas être distribuées sous quelque forme que se soit ni mises en vente.
Une copie d'archive du produit peut être faite lorsque la bibliothèque dispose de ce service, à condition que la copie soit uniquement destinée aux archives et ne soit pas utilisée ni transmise dans ou hors de la bibliothèque où la copie est effectuée.

2. Droit d'auteur

Tout le matériel contenu dans le DVD est protégé par des droits d'auteurs. Tous les droits sont réservés, sauf ceux expressément autorisés.

3. Responsabilité

Dans la mesure où c'est autorisé par la loi applicable, Cambridge University Press décline toute responsabilité pour des dommages consécutifs ou dommages de toute nature résultant de l'utilisation de DVD ou d'erreurs ou de défauts qu'il contient.